中国科学院华罗庚数学重点实验室丛书

多复变数函数引论

陆启铿　编著
周向宇　校

科学出版社
北京

内 容 简 介

本书是多复变函数论方面的入门书，着重介绍多复变数的解析函数、正交系与核函数、解析映照、零点与奇异点等方面的基本结果及存在的主要问题. 这些问题有的已获得一些结果，有的尚待进一步研究.

本书供大学数学系高年级学生阅读及教师参考，本书也可供理论物理学工作者参考.

图书在版编目（CIP）数据

多复变数函数引论/陆启铿编著. —北京：科学出版社，2018.12
ISBN 978-7-03-047030-0

Ⅰ. ①多… Ⅱ. ①陆… Ⅲ. ①多复变函数论-高等学校-教材
Ⅳ. ①O174.56

中国版本图书馆 CIP 数据核字（2016）第 010987 号

责任编辑：胡庆家 赵彦超／责任校对：邹慧卿
责任印制：张 伟／封面设计：陈 敬

科学出版社出版
北京东黄城根北街 16 号
邮政编码：100717
http://www.sciencep.com
北京建宏印刷有限公司印刷
科学出版社发行 各地新华书店经销
*
2018 年 12 月第 一 版 开本：720 × 1000 B5
2019 年 6 月第二次印刷 印张：10 1/4
字数：200 000
定价：79.00 元
（如有印装质量问题，我社负责调换）

再版说明

陆启铿先生是新中国培养的国际一流数学家. 作为华罗庚先生归国后的首批亲传弟子, 陆先生凭借自己的执着和过人禀赋, 在多复变和数学物理领域做出了大量奠基性和开创性的工作, 取得了国际瞩目的成就. 陆先生是我国多复变研究与数学物理研究的开拓者和领导者之一. 他于 20 世纪 50 年代发表的论文《Schwarz 引理及解析不变量》, 是国际上较早地将多复变函数与复几何联系起来的工作, 一个推论是 Carathéodory 度量不超过 Bergmann 度量, 另一推论在国外知名书籍中被冠以他人之名作为定理出现. 他与华罗庚先生合作发表了《典型域的调和函数论》, 建立了典型域上调和函数的系统理论. 1966 年陆先生发现并证明了 Bergmann 度量常曲率的有界域解析等价于单位球的定理, 并提出了 "陆启铿猜想". 他率先明确指出的物理上的规范场和数学上的纤维丛的联络之间的联系, 产生了广泛影响. 他的相关成果在国际上被称为 "陆启铿定理" "陆启铿域" "陆启铿不变量" 和 "陆启铿常数" 等; 他提出的 "陆启铿猜想" 是新中国成立后国际数学界首次以中国数学家命名的猜想, 至今仍为多复变的研究热点.

1961 年, 科学出版社出版了陆启铿先生的著作《多复变数函数引论》, 这是国内第一本多复变入门书, 大学数学系高年级学生就能阅读. 该书介绍多复变的解析函数、Bergmann 核及 Bergmann 度量、解析映照、零点与奇异点等方面的基本结果及相关的主要问题, 包括作者上述关于 Schwarz 引理的被误冠他人之名的研究成果. 今天看来, 该书仍不失为学生学习、了解多复变的优秀入门书, 对数学工作者也是有特色、有价值的参考书.

本次再版, 将繁体字改为了简体字, 对目前不太通用的术语进行了替换并给出了注释, 同时还添加了人名与术语的索引. 在再版校对中, 得到李震乾博士的协助, 在此表示感谢.

周向宇

2018 年 10 月 18 日

序

多复变数函数论的研究, 可以说已有悠久的历史了, 但直到 19 世纪末与 20 世纪初, Poincaré, Cousin, Hartogs, Levi 等人的工作相继出现, 显示出它与单复变数函数论的本质差别后, 才引起较多的人专门研究之. 然而, 甚至在 20 世纪中叶开始时, 数学家 H. Weyl 回顾前五十年的数学发展情况, 当他说到多复变数函数论时, 仍谓它还处于幼稚时代. 他的话刚说过不久, H. Cartan 及 J.-P. Serre 漂亮地解决了 Cousin 问题, 其后 K. Oka 解决了 Levi 猜想, 而最近 Пятецкий-Шапиро 又给 É. Cartan 猜想以反例. 这些问题对多复变数函数论的发展是十分重要的, 而以往被认为是相当困难的. 数学上一个有意义的问题的解决与一个有价值的猜想的肯定或否定, 往往引起更多、更深刻的问题的研究; 此外, 解决问题时所创造的工具与所运用的技巧, 又往往可应用到其他科学部门. 因之近十年来多复变数函数论有比较迅速的发展, 有更多的数学家研究它, 并且应用范围逐渐超越出纯粹数学领域. 例如, 在量子场论的重要问题色散关系的研究中, 正有人应用多复变数解析函数的展拓理论. 至于在数学的内部分支方面, 多复变数函数论的应用更是广泛.

在国内, 华罗庚教授研究多复变数函数论已十余载, 他的工作是丰富的, 受到国内外数学工作者的重视. 然而从全国来说, 以往研究多复变数函数的数学工作者只有极少数. 最近这种情况正在改变, 逐渐有更多的人重视这门学科, 并希望对多复变数函数论开始进行研究或要求有一些了解. 但是中文的介绍多复变数函数论的入门书籍还未曾有, 作者写本书目的之一, 便是企图对有兴趣于多复变数函数论的同志作一概括性的、入门性的介绍.

由于多复变数函数论的已有结果十分丰富, 并且它们的证明需要许多数学工具 (包括代数的、微分几何的、李群的、拓扑的、微分方程的、单复变数函数论的、泛函的工具), 要作一全面而深入的介绍, 不仅要浩繁的篇幅, 而且是作者的能力所不及. 作者仅希望对于多复变数函数论的最基本的结果与存在的主要问题作一比较全面的介绍, 同时要使得具有相当于大学数学系三、四年级知识水平的人也能够阅读. 至于要用到其他较深刻数学工具的结果, 则只有叙述其大概而不加详细证明. 有兴趣的读者可根据书中所介绍的情况及所引用的文献, 沿此线索而深入研究.

有一点值得注意的, 虽然本书绝大部分定理及例题仅用不超过通常数学系同学的知识水平便能证明, 但证明中有一些地方是有意省略的, 留给读者作为习题, 读者要比较仔细的, 并且往往要经过一些思索才能证明. 另一方面, 有一些结果的证明, 为了仅使用初等的方法, 不免要比原来的证明累赘, 这希读者原谅.

在 1959 年秋至 1960 年夏, 作者曾试用本书在北京大学数学系四年级函数论专门化作为授课的讲义, 发觉其中缺点很多, 虽然已作了一些修改, 相信还会存在不少的缺点. 希望各方面的读者阅后提供宝贵的批评和意见, 以便将来作更进一步的修正.

最后, 作者衷心地感谢我的老师华罗庚教授对本书所提出的许多珍贵的意见. 许以超同志对本书手稿的校阅、誊写方面的帮助, 也在此表示感谢.

陆启铿

1960 年 9 月 14 日于北京

目　　录

目　录

第 1 章　多复变数的解析函数

1.1　解 析 函 数

我们命 $\mathbb{C}^n$ 表 n 个独立的复变数 $z_1, \cdots, z_n$ 的空间. 此空间的点为一组 n 个有限的复数 $(a_1, \cdots, a_n)$. 为简便起见, 我们常以 z 代表 n 个复变数, 即 $z = (z_1, \cdots, z_n)$, 而以 a 代表此空间的点, 即 $a = (a_1, \cdots, a_n)$.

以 a 为展开点的 (n重) 幂级数

$$\sum_{m_1, \cdots, m_n = 0}^{\infty} a_{m_1 \cdots m_n} (z_1 - a_1)^{m_1} \cdots (z_n - a_n)^{m_n} \tag{1.1.1}$$

($a_{m_1 \cdots m_n}$ 为常数) 称为在 $b = (b_1, \cdots, b_n)$ 点收敛, 如果在 $z = b$ 点①有一个方法把此级数排列成为单级数, 而此级数是收敛的.

空间 $\mathbb{C}^n$ 中的多圆柱 $P(a, r)$ 为一点集, 由适合下列不等式的 z 点组成:

$$|z_1 - a_1| < r_1, \cdots, |z_n - a_n| < r_n,$$

此处 $r = (r_1, \cdots, r_n)$ 是一组 n 个正数, 而 $a = (a_1, \cdots, a_n)$ 点称为多圆柱的中心.

定理 1.1.1　若级数 (1.1.1) 在 $z = b$ 点收敛, 则此级数在多圆柱

$$|z_1 - a_1| < |b_1 - a_1|, \cdots, |z_n - a_n| < |b_n - a_n|$$

中任一紧致子集上一致收敛.

此定理可仿单重幂级数的相应定理的证明而得之, 即方法上是平行的推广. 读者试自证之.

在 a 点解析的函数或函数元素 $f(z) \equiv f(z_1, \cdots, z_n)$, 即 $f(z)$ 在一以 a 点为中心的多圆柱 $P(a, r)$ 定义并在此多圆柱能展为收敛的幂级数者, 由幂级数的理论可知, 在 $P(a, r)$ 的每一点 $c = (c_1, \cdots, c_n)$, 级数 (1.1.1) 若在 $P(a, r)$ 收敛, 则能以 c 为展开点在一多圆柱 $P(c, \delta)$ [$\delta = (\delta_1, \cdots, \delta_n)$ 为一组适当小之正数] 展为收敛的幂级数, 因之 $f(z)$ 在 $P(a, r)$ 的每一点皆是解析的.

又由幂级数的理论知, $f(z)$ 在 $P(a, r)$ 是连续的, 其偏导数 $\dfrac{\partial f}{\partial z_\alpha}$ $(\alpha = 1, \cdots, n)$ 存在②, 且等于级数的逐项偏导数之和; 此外 $\dfrac{\partial f}{\partial z_\alpha}$ 在 $P(a, r)$ 也是解析的, 因之 $f(z)$

①$z = b$ 即 $z_1 = b_1, \cdots, z_n = b_n$.

②如单复变数函数论一样, 有人利用偏导数的存在定义解析 (参阅 §1.4).

有任意次的对 $z_1, \cdots, z_n$ 的连续偏微分, 并且易证 $f(z)$ 的展式的系数适合

$$a_{m_1\cdots m_n} = \frac{1}{m_1!\cdots m_n!}\left[\frac{\partial^{m_1+\cdots+m_n} f(z)}{\partial z_1^{m_1}\cdots\partial z_n^{m_n}}\right]_{z=a}. \tag{1.1.2}$$

在 $P(a,r)$ 中, 当 $z_1,\cdots,z_{\alpha-1},z_{\alpha+1},\cdots,z_n$ 固定时, 显然 $f(z)$ 是单复变数 z_α 的在圆 $|z_\alpha - a_\alpha| < r_\alpha$ 解析的函数. 若命 $z_\alpha = x_\alpha + iy_\alpha$ $(\alpha = 1, 2, \cdots, n)$, $f(z) = u(x,y) + iv(x,y)$, 其中 $x = (x_1, \cdots, x_n)$, $y = (y_1, \cdots, y_n)$ 是实变数, u 与 v 是实函数, 则根据单复变数解析函数的性质知道, 对每一整数 $\alpha\ (= 1, \cdots, n)$, u 与 v 适合 Cauchy-Riemann 方程

$$\frac{\partial u}{\partial x_\alpha} = \frac{\partial v}{\partial y_\alpha}, \quad \frac{\partial u}{\partial y_\alpha} = -\frac{\partial v}{\partial x_\alpha}. \tag{1.1.3}$$

$\mathbb{C}^n$ 中的一开集 D 定义为 $\mathbb{C}^n$ 的一个子集, 对 D 的每一点 a 能有一多圆柱 $P(a,r)$ 包含于 D 者. 开集 D 称为 (单叶) 域, 如果 D 是连通的. 在单叶域 D 定义的函数 $f(z)$, 在每一点 $z \in D$, 对应有唯一的复数值 $f(z)$. 若 $f(z)$ 在 D 的每一点皆是解析的, 则 $f(z)$ 称为在域 D 解析①.

利用单复变数函数论的 Liouville 定理, 立刻得到

定理 1.1.2 若 $f(z)$ 在 $\mathbb{C}^n$ 解析并且有界, 则必为常数.

1.2 多圆柱的 Cauchy 积分

设 D_α 为 z_α 平面的一域, 广义多圆柱 $D_1 \times \cdots \times D_n$ 是 $\mathbb{C}^n$ 中的域, 由所有的 $z = (z_1, \cdots, z_n)$ 点所组成, 其中 $z_1 \in D_1, \cdots, z_n \in D_n$.

现设每一 D_α 皆是 z_α 平面的有界域, 其边界 C_α 由有限多个互不相交的、有长的、简单的闭曲线组成. 设 $f(z)$ 在 $D_1 \times \cdots \times D_n$ 解析, 且在其边界仍然连续, 则对任一点 $z \in D_1 \times \cdots \times D_n$ 有广义多圆柱的 Cauchy 公式

$$f(z) = \frac{1}{(2\pi i)^n}\int\cdots\int_{C_1\times\cdots\times C_n} \frac{f(\zeta_1,\cdots,\zeta_n)}{(\zeta_1 - z_1)\cdots(\zeta_n - z_n)} d\zeta_1\cdots d\zeta_n. \tag{1.2.1}$$

实际上, 当 $n = 1$ 时上式是熟知的. 利用归纳法, 假设 $n-1$ 个复变数时上式成立. 现在视 $f(z_1, z_2, \cdots, z_n)$ 为 z_1 的在 D_1 解析的函数族, $z_2, \cdots, z_n$ 为参数, 则由 $f(z)$ 的连续性假定知, $f(z_1, z_2, \cdots, z_n)$ 是单复变数 z_1 的正规族, 并且对任一组数 $\zeta_2 \in C_2, \cdots, \zeta_n \in C_n$, 函数

$$f(z_1, \zeta_2, \cdots, \zeta_n) = \lim_{z_2\to\zeta_2,\cdots,z_n\to\zeta_n} f(z_1, z_2, \cdots, z_n)$$

①在单叶域上定义的解析函数即单值的解析函数. 非单叶域的定义比较复杂, 本书只限于讨论单叶域. 以后我们简称单叶域为域.

仍然在 D_1 解析. 应用归纳法的假定, 便有

$$\begin{aligned}
&f(z_1, z_2, \cdots, z_n)\\
&= \frac{1}{(2\pi i)^{n-1}} \int_{C_2\times\cdots\times C_n} \cdots \int \frac{f(z_1, \zeta_2, \cdots, \zeta_n)}{(\zeta_2 - z_2)\cdots(\zeta_n - z_n)} d\zeta_2 \cdots d\zeta_n\\
&= \frac{1}{(2\pi i)^n} \int_{C_2\times\cdots\times C_n} \cdots \int \frac{d\zeta_2\cdots d\zeta_n}{(\zeta_2 - z_2)\cdots(\zeta_n - z_n)} \int_{C_1} \frac{f(\zeta_1, \zeta_2, \cdots, \zeta_n)}{\zeta_1 - z_1} d\zeta_1.
\end{aligned}$$

由于 $f(\zeta)$ 的连续性, 上式即 (1.2.1).

由 (1.2.1) 易知

$$\begin{aligned}
&\frac{\partial^{m_1+\cdots+m_n} f(z)}{\partial z_1^{m_1}\cdots \partial z_n^{m_n}}\\
&= \frac{m_1!\cdots m_n!}{(2\pi i)^n} \int_{C_1\times\cdots\times C_n} \cdots \int \frac{f(\zeta_1, \cdots, \zeta_n) d\zeta_1 \cdots d\zeta_n}{(\zeta_1 - z_1)^{m_1+1}\cdots(\zeta_n - z_n)^{m_n+1}}.
\end{aligned} \tag{1.2.2}$$

特别取 D_α 为圆 $|z_\alpha - a_\alpha| < r_\alpha$ 时, 由上式及 (1.1.2) 可得

$$\begin{aligned}
a_{m_1\cdots m_n} = \frac{1}{(2\pi i)^n} \int_{|\zeta_1 - a_1| = r_1} &\cdots\\
\cdots \int_{|\zeta_n - a_n| = r_n} &\frac{f(\zeta_1, \cdots, \zeta_n) d\zeta_1 \cdots d\zeta_n}{(\zeta_1 - a_1)^{m_1+1}\cdots(\zeta_n - a_n)^{m_n+1}}
\end{aligned} \tag{1.2.3}$$

及

$$|a_{m_1\cdots m_n}| \leqslant \frac{M}{r_1^{m_1}\cdots r_n^{m_n}}, \tag{1.2.4}$$

其中 M 是 $|f(\zeta)|$ 在 $|\zeta_1 - a_1| = r_1, \cdots, |\zeta_n - a_n| = r_n$ 之高界.

若有在域 D 解析的函数 $f(z)$. 在 D 的一点 a 取一多圆柱 $P(a, r)$, 其闭包 $\overline{P}(a, r)$:

$$|z_1 - a_1| \leqslant r_1, \cdots, |z_n - a_n| \leqslant r_n$$

仍然包含于 D 中, 则由 (1.2.3) 及 (1.2.4) 可知

定理 1.2.1 若 $f(z)$ 在域 D 解析, 则它在域 D 的 a 点的展式 (1.1.1) 是唯一的, 并且此展式在任一包含于 D 的以 a 为心的多圆柱成立.

定理 1.2.2 若 $f(z)$ 在域 D 解析, 且在域 D 中一非空的开子集上等于零, 则 $f(z)$ 在整个域 D 恒等于零.

实际上, $f(z)$ 最少在一包含于 D 的多圆柱 $P(a, r)$ 内恒等于零. 如 b 是 D 的任一点, 可以用 D 中的一曲线与 a 点相联, 而以有限个包含于 D 的多圆柱盖过此曲线, 则 $f(b)$ 亦必须等于零, 只要我们证明, 在一多圆柱解析的函数若在一非空开子集上为零则恒等于零. 后者用解析函数的幂级数展式是容易证明的.

定理 1.2.3　设 $f(z)$ 在原点的邻域 P_n:

$$|z_1| < r_1, \cdots, |z_n| < r_n$$

中解析, 命 $z_\alpha = x_\alpha + iy_\alpha$ $(\alpha = 1, \cdots, n)$. 若 $f(z)$ 在点集

$$-r_\alpha < x_\alpha < r_\alpha, \quad y_\alpha = 0, \quad \alpha = 1, \cdots, n$$

(或者在 $x_\alpha = 0, -r_\alpha < y_\alpha < r_\alpha, \alpha = 1, \cdots, n$) 上等于零, 则 $f(z)$ 在 P_n 中恒等于零.

证　$f(z)$ 可在 P_n 中展为收敛的幂级数

$$f(z) = \sum_{m_1, \cdots, m_n = 0}^{\infty} a_{m_1 \cdots m_n} z_1^{m_1} \cdots z_n^{m_n}.$$

当 $z_1, \cdots, z_n$ 取实值时, 级数

$$f(x) = \sum_{m_1, \cdots, m_n = 0}^{\infty} a_{m_1 \cdots m_n} x_1^{m_1} \cdots x_n^{m_n} = 0.$$

因此

$$\frac{\partial^{m_1 + \cdots + m_n} f(x)}{\partial x_1^{m_1} \cdots \partial x_n^{m_n}} = 0,$$

特别是

$$a_{m_1 \cdots m_n} = \frac{1}{m_1! \cdots m_n!} \left[\frac{\partial^{m_1 + \cdots + m_n} f(x)}{\partial x_1^{m_1} \cdots \partial x_n^{m_n}} \right]_{x=0} = 0.$$

由此知 $f(z) \equiv 0$. 证毕.

定理 1.2.4　若 $2n$ 个复变数的函数

$$f(z_1, \zeta_1, z_2, \zeta_2, \cdots, z_n, \zeta_n)$$

在 $\mathbb{C}^{2n}$ 空间的原点的邻域解析, 而在此邻域中适合下面条件的子集 ($\overline{z}_\alpha$ 表 z_α 的复数共轭)

$$\zeta_1 = \overline{z}_1, \cdots, \zeta_n = \overline{z}_n \tag{1.2.5}$$

上为零, 即

$$f(z_1, \overline{z}_1, z_2, \overline{z}_2, \cdots, z_n, \overline{z}_n) = 0,$$

则在整个邻域中

$$f(z_1, \zeta_1, z_2, \zeta_2, \cdots, z_n, \zeta_n) \equiv 0.$$

证　我们作线性变换

$$u_\alpha = \frac{z_\alpha + \zeta_\alpha}{2}, \quad v_\alpha = \frac{z_\alpha - \zeta_\alpha}{2i}, \quad \alpha = 1, \cdots, n,$$

其逆变换为

$$z_\alpha = u_\alpha + iv_\alpha,\quad \zeta_\alpha = u_\alpha - iv_\alpha,\quad \alpha = 1,\cdots,n.$$

函数

$$\varphi(u_1,v_1,\cdots,u_n,v_n) \equiv f(u_1+iv_1,u_1-iv_1,\cdots,u_n+iv_n,u_n-iv_n)$$

在复变数 $u_1,v_1,\cdots,u_n,v_n$ 空间的原点的邻域解析.

适合条件 (1.2.5) 的点集, 经变换映为 $u_1,v_1,\cdots,u_n,v_n$ 空间的适合下面条件的点集:

$$(u_\alpha - \overline{u}_\alpha) - i(v_\alpha - \overline{v}_\alpha) = 0,\quad \alpha = 1,\cdots,n.$$

此乃表示 $\varphi(u_1,v_1,\cdots,u_n,v_n)$ 在 u_α,v_α 取实值时等于零. 据定理 1.2.3, 它必须恒等于零, 因之 $f(z_1,\zeta_1,\cdots,z_n,\zeta_n)$ 亦然.

定理 1.2.5 若 $f(z)$ 在域 D 解析且非常数, 则 $|f(z)|$ 不能在 D 的内点达到其最大值. 如 $f(z)$ 在 D 的边界仍然连续, 则 $|f(z)|$ 在边界上达到其最大值.

实际上只要证明, 如果 $|f(z)|$ 在 D 的一内点 a 达到其极大值, 则 $f(z)$ 在 D 为常数. 据定理 1.2.2, 这只要证明 $|f(z)|$ 在一包含于 D 的多圆柱 $P(a,r)$ 为常数便可. 设 $b=(b_1,\cdots,b_n)$ 为 $P(a,r)$ 的任一点, 据假设, $|f(a_1,\cdots,a_{n-1},a_n)| \geqslant |f(a_1,\cdots,a_{n-1},z_n)|$, 当 $|z_n - a_n| < r_n$. 应用单复变数函数论的极大模原理知, $f(a_1,\cdots,a_{n-1},z_n)$ 为常数, 故有 $f(a_1,\cdots,a_{n-1},a_n) = f(a_1,\cdots,a_{n-1},b_n)$. 再应用极大模原理于单变数函数 $f(a_1,\cdots,a_{n-2},z_{n-1},b_n)$ 可知, $f(a_1,\cdots,a_{n-2},b_{n-1},b_n) = f(a_1,\cdots,a_{n-2},a_{n-1},b_n)$. 如此继续, 最后得出 $f(a_1,\cdots,a_n) = f(b_1,\cdots,b_n)$, 故 $f(z)$ 在 $P(a,r)$ 为常数. 定理第二部分的证明是显然的.

值得注意的是, 如 $f(z)$ 在边界仍然连续, 则 $|f(z)|$ 往往在边界的某一子集 (不必包括全部边界) 达到其最大值. 此子集由域 D 的几何结构所确定, 这里仅以单位闭多圆柱 $\overline{P}_n$:

$$|z_1| \leqslant 1,\cdots,|z_n| \leqslant 1$$

为例.

如 $f(z)$ 在 $\overline{P}_n$ 连续且在其内点解析, 则 $[f(z)]^k$ 亦有此性质 (k 为任意的正整数). 应用多圆柱的 Cauchy 公式得①

$$f^k(z) = \frac{1}{(2\pi i)^n}\int_{\mathfrak{L}_n} \frac{f^k(\zeta_1,\cdots,\zeta_n)}{(\zeta_1 - z_1)\cdots(\zeta_n - z_n)} d\zeta_1\cdots d\zeta_n,$$

其中 $\mathfrak{L}_n$ 代表点集

$$|z_1| = 1,\cdots,|z_n| = 1.$$

①为简便起见, 在不致引起混乱的情况下, 我们往往用一重积分符号代表多重积分符号.

我们有估值

$$|f(z)|^k \leqslant \frac{M^k}{(2\pi i)^n}\int_0^{2\pi}\cdots\int_0^{2\pi}\frac{d\theta_1\cdots d\theta_n}{|e^{i\theta_1}-z_1|\cdots|e^{i\theta_n}-z_n|}$$

或

$$|f(z)| \leqslant \frac{M}{(2\pi)^{\frac{n}{k}}}\left\{\int_0^{2\pi}\cdots\int_0^{2\pi}\frac{d\theta_1\cdots d\theta_n}{|e^{i\theta_1}-z_1|\cdots|e^{i\theta_n}-z_n|}\right\}^{\frac{1}{k}},$$

其中 $M=\sup\limits_{\zeta\in\mathfrak{L}_n}|f(\zeta)|, \zeta=(\zeta_1,\cdots,\zeta_n)$.

命 $k\to\infty$, 我们有

$$|f(z)|\leqslant M,$$

此乃表示 $|f(z)|$ 在 $\mathfrak{L}_n$ 达到其最大值. 注意 $\mathfrak{L}_n$ 仅是 $\overline{P}_n$ 的边界的 n 维子集, 而 $\overline{P}_n$ 的边界是 $(2n-1)$ 维点集. $\mathfrak{L}_n$ 称为 P_n 的特征流形.

除多圆柱外, 其他域的 Cauchy 公式的研究可参阅 A. Weil [1], Bergmann [1], Martinelle [1], 华罗庚 [5], 华罗庚与陆启铿 [1] 等人的工作.

1.3 形式微分

视

$$z_\alpha = x_\alpha + iy_\alpha, \quad \overline{z}_\alpha = x_\alpha - iy_\alpha$$

或

$$x_\alpha=\frac{z_\alpha+\overline{z}_\alpha}{2}, \quad y_\alpha=\frac{z_\alpha-\overline{z}_\alpha}{2i}$$

为变数的变换而引进形式微分

$$\frac{\partial}{\partial z_\alpha}=\frac{1}{2}\left(\frac{\partial}{\partial x_\alpha}-i\frac{\partial}{\partial y_\alpha}\right), \quad \frac{\partial}{\partial \overline{z}_\alpha}=\frac{1}{2}\left(\frac{\partial}{\partial x_\alpha}+i\frac{\partial}{\partial y_\alpha}\right), \tag{1.3.1}$$

即若 $f(x,y)$ 是实变数 x,y 的有连续偏微分的函数, 则定义

$$\frac{\partial f}{\partial z_\alpha}=\frac{1}{2}\left(\frac{\partial f}{\partial x_\alpha}-i\frac{\partial f}{\partial y_\alpha}\right), \quad \frac{\partial f}{\partial \overline{z}_\alpha}=\frac{1}{2}\left(\frac{\partial f}{\partial x_\alpha}+i\frac{\partial f}{\partial y_\alpha}\right).$$

如是 Cauchy-Riemann 方程 (1.1.3) 可书为下面简洁的形式

$$\frac{\partial f}{\partial \overline{z}_\alpha}=0, \quad \alpha=1,\cdots,n, \tag{1.3.2}$$

其中 $f=u+iv$.

应用形式微分, 我们有

定理 1.3.1 若 $f_\alpha(z)=u_\alpha(x,y)+iv_\alpha(x,y)$ 是 z 的在某一域解析的函数, 则在此域中有如下的恒等式:

$$\det\frac{\partial(u_1,v_1,\cdots,u_n,v_n)}{\partial(x_1,y_1,\cdots,x_n,y_n)}=\left|\det\frac{\partial(f_1,\cdots,f_n)}{\partial(z_1,\cdots,z_n)}\right|^2,$$

此处我们以 $\dfrac{\partial(f_1,\cdots,f_n)}{\partial(z_1,\cdots,z_n)}$ 表函数方阵

$$\begin{pmatrix}\dfrac{\partial f_1}{\partial z_1} & \dfrac{\partial f_2}{\partial z_1} & \cdots & \dfrac{\partial f_n}{\partial z_1}\\ \dfrac{\partial f_1}{\partial z_2} & \dfrac{\partial f_2}{\partial z_2} & \cdots & \dfrac{\partial f_n}{\partial z_2}\\ \cdots & \cdots & \cdots & \cdots\\ \dfrac{\partial f_1}{\partial z_n} & \dfrac{\partial f_2}{\partial z_n} & \cdots & \dfrac{\partial f_n}{\partial z_n}\end{pmatrix},$$

而 $\det A$ 表一方阵 A 的行列式.

证 应用 Cauchy-Riemann 方程, 经计算可得矩阵关系式

$$\begin{aligned}&\frac{1}{2}\begin{pmatrix}I & -iI\\ I & iI\end{pmatrix}\begin{pmatrix}\dfrac{\partial(u_1,\cdots,u_n)}{\partial(x_1,\cdots,x_n)} & \dfrac{\partial(v_1,\cdots,v_n)}{\partial(x_1,\cdots,x_n)}\\ \dfrac{\partial(u_1,\cdots,u_n)}{\partial(y_1,\cdots,y_n)} & \dfrac{\partial(v_1,\cdots,v_n)}{\partial(y_1,\cdots,y_n)}\end{pmatrix}\begin{pmatrix}I & I\\ iI & -iI\end{pmatrix}\\ =&\begin{pmatrix}\dfrac{\partial(f_1,\cdots,f_n)}{\partial(z_1,\cdots,z_n)} & O\\ O & \overline{\dfrac{\partial(f_1,\cdots,f_n)}{\partial(z_1,\cdots,z_n)}}\end{pmatrix},\end{aligned}\tag{1.3.3}$$

其中 I 表 $n\times n$ 么方阵, 即

$$I=\begin{pmatrix}1 & 0 & \cdots & 0\\ 0 & 1 & \cdots & 0\\ \cdots & \cdots & \cdots & \cdots\\ 0 & 0 & \cdots & 1\end{pmatrix}.$$

由 (1.3.3) 立得定理.

定理 1.3.2 设

$$f_\alpha(z_1,\cdots,z_n,w_1,\cdots,w_m),\quad \alpha=1,\cdots,n$$

是 $m+n$ 个复变数 $z=(z_1,\cdots,z_n),w=(w_1,\cdots,w_m)$ 的函数, 在 $\mathbb{C}^{m+n}$ 空间的 $z=a=(a_1,\cdots,a_n),w=b=(b_1,\cdots,b_m)$ 点的邻域①解析. 若 $f_\alpha(a,b)=0,\alpha=$

①所谓一点的邻域就是包含此点的开集.

$1, \cdots, n$, 而

$$\left[\det \frac{\partial(f_1, \cdots, f_n)}{\partial(z_1, \cdots, z_n)}\right]_{z=a, w=b} \neq 0,$$

则函数方程

$$f_\alpha(z_1, \cdots, z_n, w_1, \cdots, w_m) = 0, \quad \alpha = 1, \cdots, n \tag{1.3.4}$$

有唯一的解

$$z_\alpha = g_\alpha(w_1, \cdots, w_m), \quad \alpha = 1, \cdots, n,$$

并且此解在 $\mathbb{C}^m$ 空间的 $w = b$ 点的邻域解析. 此外 $g_\alpha(b) = a_\alpha$ $(\alpha = 1, \cdots, n)$.

证　命 $z_\alpha = x_\alpha + iy_\alpha, f_\alpha = u_\alpha + iv_\alpha$ $(\alpha = 1, \cdots, n)$ 及 $w_k = s_k + it_k$ $(k = 1, \cdots, m)$. 根据假设及定理 1.3.1 知

$$\left[\det \frac{\partial(u_1, v_1, \cdots, u_n, v_n)}{\partial(x_1, y_1, \cdots, x_n, y_n)}\right]_{z=a, w=b} \neq 0.$$

根据实变数的隐函数理论知, 方程 (1.3.4) 有唯一的解

$$x_\alpha = \varphi_\alpha(s, t), \quad y_\alpha = \psi_\alpha(s, t), \quad \alpha = 1, \cdots, n,$$

其中 φ_α 与 ψ_α 是实变数 $s = (s_1, \cdots, s_m), t = (t_1, \cdots, t_m)$ 的在 $w = b$ 点邻域中的实解析函数①.

命 $g_\alpha = \varphi_\alpha + i\psi_\alpha$. 在 (1.3.4) 中对 $\overline{w}_k$ 微分, 有

$$\frac{\partial f_\alpha}{\partial \overline{w}_k} + \sum_{\beta=1}^{n} \frac{\partial f_\alpha}{\partial \overline{z}_\beta} \frac{\partial \overline{g}_\beta}{\partial \overline{w}_k} + \sum_{\beta=1}^{n} \frac{\partial f_\alpha}{\partial z_\beta} \frac{\partial g_\beta}{\partial \overline{w}_k} = 0.$$

由于 $\dfrac{\partial f_\alpha}{\partial \overline{z}_\beta} = 0, \dfrac{\partial f_\alpha}{\partial \overline{w}_k} = 0$, 我们得

$$\sum_{\beta=1}^{n} \frac{\partial f_\alpha}{\partial z_\beta} \frac{\partial g_\beta}{\partial \overline{w}_k} = 0.$$

由于 $\det \dfrac{\partial(f_1, \cdots, f_n)}{\partial(z_1, \cdots, z_n)}$ 可在 $z = a, w = b$ 点的充分小邻域中不为零, 根据齐次线性方程的理论知, 必须

$$\frac{\partial g_\beta}{\partial \overline{w}_k} = 0.$$

①在 n 维实欧氏空间 $\mathbb{R}^n$ 的一域定义的实解析函数 $\varphi(x_1, \cdots, x_n)$, 即在此域的每一点 $(a_1, \cdots, a_n)$ 有一邻域, 在其中 φ 能展为 $x_1 - a_1, \cdots, x_n - a_n$ 的收敛的幂级数.

此式在 $\mathbb{C}^m$ 空间的 $w=b$ 点的充分小邻域 $P(a,r)$ 中成立. 此乃表示 $g_\beta(w)$ 当 $w_1,\cdots,w_{k-1},w_{k+1},\cdots,w_m$ 固定时是 w_k 的解析函数. 我们取 $P(b,r)$ 如此之小, 使得 $g_\beta(w)$ 在 $P(b,r)$ 的闭包连续. 重复应用单复变数的 Cauchy 公式得

$$\begin{aligned}g_\beta(w)&=\frac{1}{(2\pi i)^m}\int_{|\zeta_1-b_1|=r_1}\cdots\\&\quad\cdots\int_{|\zeta_m-b_m|=r_m}\frac{g_\beta(\zeta_1,\cdots,\zeta_m)d\zeta_1\cdots d\zeta_m}{(\zeta_1-w_1)\cdots(\zeta_m-w_m)}\\&=\sum_{k_1,\cdots,k_m=0}^{\infty}a_{k_1\cdots k_m}(w_1-b_1)^{k_1}\cdots(w_m-b_m)^{k_m},\end{aligned}$$

其中

$$\begin{aligned}a_{k_1\cdots k_m}&=\frac{1}{r_1^{k_1}\cdots r_m^{k_m}}\\&\times\int_0^{2\pi}\cdots\int_0^{2\pi}g_\beta(b_1+r_1e^{i\theta_1},\cdots,b_m+r_me^{i\theta_m})e^{-ik_1\theta_1}\cdots e^{-ik_m\theta_m}d\theta_1\cdots d\theta_m.\end{aligned}$$

上面的级数在 $P(b,r)$ 中收敛, 故 $g_\beta(w)$ 是 w 的在 $w=b$ 点邻域中解析的函数. 定理得证.

设 u 是在一域 D 解析的函数 $f(z)$ 的实部, 即 $u=\frac{1}{2}(f+\overline{f})$. 由此可见 u 适合偏微分方程组

$$\frac{\partial^2u}{\partial z_\alpha\partial\overline{z}_\beta}=0,\quad \alpha,\beta=1,\cdots,n \tag{1.3.5}$$

或

$$\frac{\partial^2u}{\partial x_\alpha\partial x_\beta}+\frac{\partial^2u}{\partial y_\alpha\partial y_\beta}=0,\quad \frac{\partial^2u}{\partial x_\alpha\partial y_\beta}-\frac{\partial^2u}{\partial x_\beta\partial y_\alpha}=0,\quad \alpha,\beta=1,\cdots,n. \tag{1.3.6}$$

显然 $f(z)$ 的虚部 $v=\frac{1}{2i}(f-\overline{f})$ 亦适合方程 (1.3.5).

有二阶连续偏微分的实值函数 $u(x,y)$ 适合偏微分方程组 (1.3.5) 者称为 *B*-调和函数[1] (在 $n=1$ 时即普通的调和函数).

反之, 给与一域 D 的 B-调和函数 u, 是否存在一 B-调和函数 v, 使得 $u+iv$ 在 D 解析? 回答是肯定的. 由线积分定义的函数

$$v(x_1,y_1,\cdots,x_n,y_n)=\int_{z_0}^{z}\sum_{\alpha=1}^{n}\left(-\frac{\partial u}{\partial y_\alpha}dx_\alpha+\frac{\partial u}{\partial x_\alpha}dy_\alpha\right) \tag{1.3.7}$$

便是所求的函数. 但是要注意, v 一般是非单值函数, 除非 D 是单连通的 (即在 D 中的任一闭简单曲线能连续地在 D 缩为一点). 后一断言要借助 Stokes 公式证明, 这里从略.

[1] 现译为“多调和函数 (pluriharmonic function)”. —— 校者注

有兴趣的是, 偏微分方程组 (1.3.5) 的边界问题应如何提法? 习知 $n=1$ 时, (1.3.5) 为 Laplace 方程. 任一由有限个互不相交的 Jordan 曲线围成的域 D, 在边界上给定连续的边界值后, 恒存在唯一的在 D 内调和的函数, 它在边界上取已给的边界值. 这就是所谓 Dirichlet 问题之解. 这问题的解决对实际应用及保角映照问题有重大的价值. 当 $n>1$ 时, 给定一域 D 的连续边界值, 是否相应的存在唯一的 B-调和函数取已给的边界值呢? 这问题一般没有解. 例如 $n=2$ 时, (1.3.5) 为

$$\frac{\partial^2 u}{\partial z_1\partial\overline{z}_1}=0,\quad \frac{\partial^2 u}{\partial z_2\partial\overline{z}_2}=0,\quad \frac{\partial^2 u}{\partial z_2\partial\overline{z}_1}=0. \tag{1.3.8}$$

在单位双圆柱 $P_2=\{|z_1|<1,|z_2|<1\}$ 的特征流形 $\mathfrak{L}_2=\{|\zeta_1|=1,|\zeta_2|=1\}$ 上给定连续实函数 $\varphi(\zeta_1,\zeta_2)$, 则易见双重 Poisson 积分

$$\begin{aligned}u(z_1,z_2)=&\frac{1}{(2\pi)^2}\int_0^{2\pi}\int_0^{2\pi}\frac{1-|z_1|^2}{|1-z_1e^{-i\theta_1}|^2}\\&\times\frac{1-|z_2|^2}{|1-z_2e^{-i\theta_2}|^2}\varphi(e^{i\theta_1},e^{i\theta_2})d\theta_1d\theta_2\end{aligned}$$

代表一函数在 P_2 中适应 (1.3.8) 的首两个方程, 即

$$\frac{\partial^2 u}{\partial z_1\partial\overline{z}_1}=0,\quad \frac{\partial^2 u}{\partial z_2\partial\overline{z}_2}=0. \tag{1.3.9}$$

此函数在 P_2 的边界值已经完全确定, 因如 $|\zeta_1|=1$, 由单复变数的 Poisson 积分的边界性质知

$$\begin{aligned}\lim_{z_1\to\zeta_1}u(z_1,z_2)=&\lim_{z_1\to\zeta_1}\frac{1}{2\pi}\int_0^{2\pi}\frac{1-|z_1|^2}{|1-z_1e^{-i\theta_1}|^2}\\&\times\left\{\frac{1}{2\pi}\int_0^{2\pi}\frac{1-|z_2|^2}{|1-z_2e^{-i\theta_2}|^2}\varphi(e^{i\theta_1},e^{i\theta_2})d\theta_2\right\}d\theta_1\\=&\frac{1}{2\pi}\int_0^{2\pi}\frac{1-|z_2|^2}{|1-z_2e^{-i\theta_2}|^2}\varphi(\zeta_1,e^{i\theta_2})d\theta_2.\end{aligned}$$

同样, 若 $|\zeta_2|=1$,

$$\lim_{z_2\to\zeta_2}u(z_1,z_2)=\frac{1}{2\pi}\int_0^{2\pi}\frac{1-|z_1|^2}{|1-z_1e^{-i\theta_1}|^2}\varphi(e^{i\theta_1,\zeta_2})d\theta_1.$$

此外, $u(z_1,z_2)$ 在 $\mathfrak{L}_2$ 上取已给的边界值, 即

$$\lim_{\substack{z_1\to\zeta_1\\z_2\to\zeta_2}}u(z_1,z_2)=\varphi(\zeta_1,\zeta_2).$$

因此 $u(z_1,z_2)$ 是适合方程组 (1.3.9) 的取已给边界值的唯一解, 因为凡在 P_2 适合方程组 (1.3.9) 而在边界上仍然连续的函数必然在 $\mathfrak{L}_2$ 上取最大与最小值, 这可以从普通的极值原理知之.

由上面的事实得知, 适合方程组 (1.3.9) 的函数不能在 P_2 的边界上任意给定连续的边界值. 而适合方程组 (1.3.8) 的函数必适合方程组 (1.3.9), 因之亦不能在整个边界上任意给定边界值. 更甚之, 就是仅给定了特征流形 $\mathfrak{L}_2$ 上的连续边界值, 亦未必有一在 P_2 适合 (1.3.8) 的函数在 P_2 的边界连续, 而在 $\mathfrak{L}_2$ 上取已给的边界值. 例如给与 $\mathfrak{L}_2$ 上的连续函数 $\zeta_1\overline{\zeta}_2+\overline{\zeta}_1\zeta_2$. 如果 (1.3.8) 有一解 $u(z_1,z_2)$ 取已给的边界值, 则 u 必适合 (1.3.9), 而 (1.3.9) 的解是唯一的, 即必须

$$u(z_1,z_2)=z_1\overline{z}_2+\overline{z}_1z_2.$$

但显见 $\dfrac{\partial^2 u}{\partial z_1\partial\overline{z}_2}=1\neq 0$. 矛盾.

偏微分方程组 (1.3.6) 的研究, 不仅对于函数论而且对于偏微分方程的理论而言也是十分有意义的. 迄今还只有很少的结果. 有人首先考虑具有特征流形的域, 而研究在特征流形上给定连续边界值后, 有唯一的解的偏微分方程. 关于这方面的工作可参阅 S. Bergmann [3], 华罗庚与陆启铿 [2].

1.4 两个复变数的 Hartogs 定理

本节仅考虑两个复变数 z,w 的情况.

定理 1.4.1 (Hartogs 定理). 函数 $f(z,w)$ 在双圆柱 $P=\{|z|<r,|w|<s\}$ 中定义. 若对每一 z_0 $(|z_0|<r)$, $f(z_0,w)$ 是 w 的在 $|w|<s$ 解析的函数, 对每一 w_0 $(|w_0|<s)$, $f(z,w_0)$ 是 z 的在 $|z|<r$ 解析的函数, 则 $f(z,w)$ 是两个复变数 z,w 的解析函数.

注意, 如果假设 $f(z,w)$ 是 z 与 w 的连续函数, 则应用双圆柱的 Cauchy 公式, 立刻得出定理 (参阅定理 1.3.2 证明之末). 此定理之困难在于从定理的假设仅能得知, 当 w 固定时, $f(z,w)$ 是 z 的连续函数, 当 z 固定时是 w 的连续函数. 而从结论却可推出 $f(z,w)$ 是 z,w 的连续函数. 这种困难在单复变数函数论中是不会碰到的.

此定理的证明分三个步骤进行, 即下面的三个定理:

定理 1.4.2 若双圆柱 $P=\{|z|<r,|w|<s\}$ 中的函数 $f(z,w)$ 当 z 固定时是 w 的解析函数, 当 w 固定时是 z 的解析函数, 此外 $f(z,w)$ 有界, 即在 P 中 $|f(z,w)|<M$ (M是一正常数), 则 $f(z,w)$ 是 z 与 w 的在 P 中解析的函数.

证 根据假设, 对固定的 z $(|z|<r)$, $f(z,w)$ 是 w 的 $|w|<s$ 解析的函数, 因此

$\dfrac{\partial f(z,w)}{\partial w}$ 仍在 $|w|<s$ 解析. 我们断言, $\dfrac{\partial f(z,w)}{\partial w}$ 对每一固定的 w $(|w|<s)$, 是 z 的在 $|z|<r$ 解析的函数. 实际上, 对任一点 b $(|b|<s)$, 我们有一闭圆 $\overline{C}_b: |w-b|\leqslant s_b$ $(s_b<s-|b|)$, 使得视 w $(w\in\overline{C}_b)$ 为参数时, 函数族

$$\frac{f(z,w)-f(z,b)}{w-b} \tag{1.4.1}$$

是 z 的在 $|z|<r$ 解析的函数族并且一致有界, 因为当 z 固定时, 上式显然是 w 的在 $\overline{C}_b$ 解析的函数, 应用极大模原理

$$\left|\frac{f(z,w)-f(z,b)}{w-b}\right| \leqslant \sup_{|w-b|=s_b}\frac{|f(z,w)-f(z,b)|}{s_b}\leqslant\frac{2M}{s_b}.$$

此乃表示函数族 (1.4.1) 成一正规族①, 故极限函数

$$\lim_{w\to b}\frac{f(z,w)-f(z,b)}{w-b}=\left[\frac{\partial f(z,w)}{\partial w}\right]_{w=b}$$

仍在 $|z|<r$ 中解析. 由于 b 可以是 $|w|<s$ 中任一点, 故得所证.

视 z $(|z|<r)$ 为参数, $f(z,w)$ 是 w 的在 $|w|<s$ 解析的函数族, 并且是局部一致有界的, 因此 $\dfrac{\partial f(z,w)}{\partial w}$ 也是 w 的局部一致有界的函数族①. 于是重复应用上面的方法, 知 $\dfrac{\partial^2 f(z,w)}{\partial w^2}$ 对每一固定的 w $(|w|<r)$ 是 z 的在 $|z|<r$ 解析的函数, 而将 z $(|z|<r)$ 看作参数时, $\dfrac{\partial^2 f(z,w)}{\partial w^2}$是 w 的 $|w|<s$ 解析的局部一致有界的函数族. 如此继续, 可知 $\dfrac{\partial^k f(z,w)}{\partial w^k}$ 在$|z|<r, |w|<s$ 中当 z 固定时是 w 的解析函数, 当 w 固定时是 z 的解析函数 $(k=1,2,\cdots)$.

由于每一固定的 z $(|z|<r)$, $f(z,w)$ 在 $|w|<s$ 中可展为幂级数

$$f(z,u)=f_0(z)+f_1(z)w+\cdots+f_k(z)w^k+\cdots. \tag{1.4.2}$$

据上面的证明, 此级数的系数

$$f_k(z)=\frac{1}{k!}\left[\frac{\partial^k f(z,w)}{\partial w^k}\right]_{w=0}$$

是 $|z|<r$ 中解析的函数.

应用公式 (1.2.4), 可得当 $|w|<s$ 时

$$\left|f_k(z)w^k\right|<M.$$

①如果读者对单复变数解析函数的正规族理论不够熟识, 可先参阅后面的 §1.8.

又在 $|z|<r$ 中, $f_k(z)$ 可有展式

$$f_k(z)=\sum_{l=0}^{\infty}a_{lk}z^l,$$

因之在 P 中有

$$\left|a_{lk}z^lw^k\right|<M.$$

由此可见, 对任一正数 $\theta, 0<\theta<1$, 在闭双圆柱 $|z|\leqslant\theta r, |w|\leqslant\theta s$ 中

$$\sum_{l,k=0}^{\infty}\left|a_{lk}z^lw^k\right|\leqslant\sum_{l,k=0}^{\infty}M\theta^{l+k}=\frac{M}{(1-\theta)^2}.$$

此乃表示 $f(z,w)$ 在 P 中是 z,w 的解析函数. 定理证明.

定理 1.4.3 若 $f(z,w)$ 在双圆柱 $P=\{|z|<r,|w|<s\}$ 中当 z 固定时是 w 的解析函数, 当 w 固定时是 z 的解析函数, 则任与正数 $\rho<s$, 在 w 平面的圆

$$|w|<\rho$$

中必有一点 a 的邻域

$$|w-a|<\rho_1,\quad |a|+\rho_1<\rho$$

使得 $f(z,w)$ 在 $|z|<r_1, |w-a|<\rho_1$ 是有界的, 其中 r_1 是小于 r 的任意正数.

证 任取一正数 $r_1<r$, 命

$$\mu(w)=\sup_{|z|=r_1}|f(z,w)|,$$

这对每一 w 在 $|w|<\rho$ 是一有限的非负数. 又命 N_k 表 $|w|<\rho$ 中的点使得 $\mu(w)<k$ 者所组成的点集 $(k=1,2,\cdots)$. 我们断言, 必有一包含于 $|w|<\rho$ 的非空开集 G 及一正整数 k_0, 使得 N_{k_0} 在 G 是到处稠密的. 如若不然, 在 $|w|<\rho$ 中必有一闭圆 $\overline{C}_1$, 其中不包含 N_1 的点, 在 C_1 中又有一闭圆 $\overline{C}_2$, 其中不包含 N_2 的点, 如此继续, 我们有一串在 $|w|<\rho$ 中的闭圆

$$\overline{C}_1\supset\overline{C}_2\supset\cdots\supset\overline{C}_k\supset\cdots,$$

每一 $\overline{C}_k$ 不包含 N_k 的点. 但所有 C_k 之交是一非空的闭点集, 即最少有一点属于所有 $\overline{C}_k$. 但若有一点 $w\in\overline{C}_k$ $(k=1,2,\cdots)$, 则 $\mu(w)\geqslant k$ $(k=1,2,\cdots)$. 此乃表示 $\mu(w)$ 不是有限的, 也不是负数, 矛盾. 因此有正整数 k_0 及有一 $|w|<\rho$ 中的开集

$$|w-a|<\rho_1,\quad |a|+\rho_1<\rho,$$

使得 N_{k_0} 在其中是到处稠密的.

由此知, 当 $w \in N_{k_0}, |z| \leqslant r_1$ 时, 有

$$|f(z,w)| \leqslant k_0.$$

由于 $f(z,w)$ 对 w 是连续的, 此不等式在

$$|z| < r_1, \quad |w-a| < \rho_1$$

仍然成立, 定理证明.

最后我们证明

定理 1.4.4　设 $f(z,w)$ 在双圆柱

$$|z| \leqslant r, \quad |w| \leqslant |w_0| \tag{1.4.3}$$

中当 z 固定时是 w 的解析函数, 当 w 固定时是 z 的解析函数. 此外, 设在

$$|z| < r, \quad |w| < |w_1| \quad (|w_1| < |w_0|) \tag{1.4.4}$$

中 $|f(z,w)| < M$, 则对任一在 $|w_1|$ 与 $|w_0|$ 之间的 $|w_2|$ 及任一正数 $r_1 < r, |f(z,w)|$ 在

$$|z| < r_1, \quad |w| < |w_2|$$

中有界 (w_0, w_1, w_2 皆为非零的复常数).

证　$f(z,w)$ 对 w 在 $|w| \leqslant |w_0|$ 中可展为

$$f(z,w) = f_0(z) + f_1(z)w + \cdots + f_\nu(z)w^\nu + \cdots,$$

其中 $f_\nu(z)$ 由定理 1.4.2 的证明可知, 在 $|z| < r$ 是解析的. 由假设知

$$\left|\frac{f_\nu(z)}{M} w_0^\nu\right| < \left|\frac{w_0}{w_1}\right|^\nu. \tag{1.4.5}$$

我们要证明, 任给正数 ε, 有一正数 M_ε, 使得下面不等式

$$\left|f_\nu(z)\left(\frac{w_0}{e^\varepsilon}\right)^\nu\right| < M_\varepsilon, \quad \nu = 0,1,2,\cdots \tag{1.4.6}$$

成立.

如果 $f_\nu(z) \equiv 0$, 上式是显然的. 我们只须考虑 $f_\nu(z)$ 不恒为零的情形. 我们取一正数 r_2 介乎 r_1 与 r 之间, 使所有不恒等于零的 $f_\nu(z)$ 在圆周 $|z| = r_2$ 上没有零点. 这是可能的, 因为所有这些 $f_\nu(z)$ 在 $|z| < r$ 最多有可数多个零点.

命 P_ν 是 $|z|=r_2$ 上的点集, 使得 (1.4.5) 之左边大于 1 者. 这是圆弧上的开集. 任与 z_0 点 ($|z_0|=r_2$), 必有一正数 n_{z_0}, 当 $\nu > n_{z_0}$ 时, $|f_\nu(z_0)w_0^\nu| < M$, 因之 $z_0 \notin P_\nu$. 命 $Q_\nu = P_\nu + P_{\nu+1} + \cdots$, 则所有 Q_ν 的交集 Q 是空的. 根据实变数函数论中熟知的定理①

$$\lim_{\nu\to\infty} \text{mes } Q_\nu = \text{mes } Q = 0,$$

其中 mes Q_ν 表 Q_ν 的 Lebesgue 测度. 由此可见

$$\lim_{\nu\to\infty} \text{mes } P_\nu = 0. \tag{1.4.7}$$

现在命

$$h_\nu(\rho e^{i\theta}) = \frac{1}{\nu}\log\left|\frac{f_\nu(z)}{M}\right| + \log|w_0|, \tag{1.4.8}$$

其中 $z=\rho e^{i\theta}$. 它在 $|z|<r_2$ 中除了 $f_\nu(z)$ 的零点外是调和的, 而在 $|z_2|<r_2$ 中 $f_\nu(z)$ 最多有有限个零点 $b_1^{(\nu)},\cdots,b_{n_\nu}^{(\nu)}$ ($b_j^{(\nu)}$ 容许相同). 因此函数

$$h_\nu(\rho e^{i\theta}) - \frac{1}{\nu}\sum_{j=1}^{n_\nu}\log r_2\left|\frac{z-b_j^{(\nu)}}{r_2^2-\overline{b_j^{(\nu)}}z}\right|$$

在整个 $|z|<r_2$ 中调和, 而与 h_ν 有相同的边界值.

我们用 Poisson 积分在圆 $|z|<r_2$ 内作一非负的调和函数 $g_\nu(\rho e^{i\theta})$, 由在圆周的圆弧 P_ν 上等于 $\log\left|\dfrac{w_0}{w_1}\right|$, 而在圆周的其他点为零者所组成. 根据 (1.4.5) 与 P_ν 的定义, 在 $|z|=r_2$ 上的点有

$$h_\nu(\rho e^{i\theta}) - \frac{1}{\nu}\sum_{j=1}^{n_\nu}\log r_2\left|\frac{\rho e^{i\theta}-b_j^{(\nu)}}{r_2^2-\overline{b_j^{(\nu)}}\rho e^{i\theta}}\right| \leqslant g_\nu(\rho e^{i\theta}), \tag{1.4.9}$$

而根据调和函数的极值原理知, 此不等式在圆 $|z|<r_2$ 内亦成立.

由于

$$h_\nu(\rho e^{i\theta}) \leqslant h_\nu(\rho e^{i\theta}) - \frac{1}{\nu}\sum_{j=1}^{n_\nu}\log r_2\left|\frac{\rho e^{i\theta}-b_j^{(\nu)}}{r_2^2-\overline{b_j^{(\nu)}}\rho e^{i\theta}}\right|$$

及

$$\begin{aligned} g_\nu(r_1e^{i\theta}) &= \frac{1}{2\pi}\int_0^{2\pi} g_\nu(r_2e^{i\psi})\frac{r_2^2-r_1^2}{r_2^2-2r_1r_2\cos(\theta-\psi)+r_1^2}d\psi \\ &\leqslant \frac{1}{2\pi}\cdot\frac{r_2+r_1}{r_2-r_1}\int_0^{2\pi} g_\nu(r_2e^{i\psi})d\psi \end{aligned}$$

①例如, 见 Carathéodory [1], §265, 定理 9.

$$= \frac{r_2 + r_1}{r_2 - r_1} \cdot \frac{\text{mes } P_\nu}{2\pi} \log \left| \frac{w_0}{w_1} \right|,$$

因而从 (1.4.9) 得

$$h_\nu \left(r_1 e^{i\theta} \right) \leqslant \frac{r_2 + r_1}{r_2 - r_2} \cdot \frac{\text{mes } P_\nu}{2\pi} \log \left| \frac{w_0}{w_1} \right|.$$

由上式及 (1.4.7), (1.4.8) 知, 任与 $\varepsilon > 0$, 可取 ν 充分大, 使得

$$\frac{1}{\nu} \left| \frac{f_\nu(r_1 e^{i\theta})}{M} \right| + \log |w_0| < \varepsilon,$$

此即

$$\left| f_\nu(z) \left(\frac{w_0}{e^\varepsilon} \right)^\nu \right| < M$$

在 $z = r_1 e^{i\theta}$ 时成立. 根据极大模原理, 此不等式在 $|z| \leqslant r_1$ 亦成立. 因此存在正数 M_ε, 使 (1.4.6) 成立.

对已与的 $|w_2| < |w_0|$, 我们可取 ε 充分小, 使得

$$|w_2| < \left| \frac{w_0}{e^\varepsilon} \right|.$$

由此易知

$$\sum_{\nu=0}^{\infty} |f_\nu(z) w_2^\nu| < \frac{M_\varepsilon}{\left(1 - \left| \frac{w_2}{w_0} \right| e^\varepsilon \right)}.$$

此乃表示 $f(z,w)$ 在 $|z| < r_1, |w| < |w_2|$ 有界. 定理证明.

现在利用以上三个定理证明定理 1.4.1.

任取正数 $r_1 < r$ 及充分小的正数 ρ $(< s)$, 根据定理 1.4.3, 有一邻域

$$|z| < r_1, \quad |w - a| < \rho_1, \quad (|a| + \rho_1 < \rho)$$

$|f(z,w)|$ 在其中是有界约. 因之据定理 1.4.4, $|f(z,w)|$ 在

$$|z| < r_2 \ (< r_1), \quad |w - a| < s - 2|a|$$

(注意 ρ 是充分小) 是有界的. 又据定理 1.4.2, $f(z,w)$ 在此双圆柱是解析的, 故 $f(z,w)$ 在

$$|z| < r_2, \quad |w| < s - 3|a|$$

是解析的. 我们取 ρ 任意之小 (即 $|a|$ 任意之小), 因之 $f(z,w)$ 在 $|z| < r_2, |w| < s$ 是解析的. 但 r_2 可以任意的接近 r_1, 而 r_1 可任意接近 r. 定理 1.4.1 完全证明.

1.5 n 个复变数的 Hartogs 定理

定理 1.5.1 若 $f(z), z=(z_1,\cdots,z_n)$ 在多圆柱

$$P(a,r)=\{|z_1-a_1|<r_1,\cdots,|z_n-a_n|<r_n\}$$

中定义, 且当 $z_1,\cdots,z_{k-1},z_{k+1},\cdots,z_n$ 固定时是 z_k 的在 $|z_k-a_k|<r_k$ 解析的函数 $(k=1,\cdots,n)$, 则 $f(z)$ 是 n 个复变数 $z=(z_1,\cdots,z_n)$ 的在 $P(a,r)$ 解析的函数.

证 我们不妨假定 $a=0$ (即 $a_1=\cdots=a_n=0$). 应用归纳法, 假设定理在 $n-1$ 个复变数时为真. 与证明两个复变数的情形一样, 我们分三个步骤进行:

(i) 如果 $f(z)$ 在 $P(r)=P(0,r)$ 中对每一个变数解析且 $|f(z)|<M$, 则 $f(z)$ 在 $P(r)$ 解析.

实际上, 由归纳法假设, $f(z_1,z_2,\cdots,z_n)$ 是 $n-1$ 个复变数 $z_2,\cdots,z_n$ 的在多圆柱 $P^{(1)}(r)=\{|z_2|<r_2,\cdots,|z_n|<r_n\}$ 解析的函数, 因此可展为幂级数

$$f(z)=\sum_{\nu_2,\cdots,\nu_n=0}^{\infty} f_{\nu_2\cdots\nu_n}(z_1)z_2^{\nu_2}\cdots z_n^{\nu_n}. \tag{1.5.1}$$

应用与定理 1.4.2 一样的方法, 可以证明 $f_{\nu_2\cdots\nu_n}(z_1)$ 是 z_1 的在 $|z_1|<r_1$ 解析的函数, 因此在其中有展式

$$f_{\nu_2\cdots\nu_n}(z_1)=\sum_{\nu_1=0}^{\infty} a_{\nu_1\nu_2\cdots\nu_n}z_1^{\nu_1},$$

并且

$$|a_{\nu_1\nu_2\cdots\nu_n}z_1^{\nu_1}z_2^{\nu_2}\cdots z_n^{\nu_n}|<M.$$

故 $f(z)$ 在 $P(r)$ 是解析的.

(ii) 如果 $f(z)$ 在 $P(r)$ 对每一个变数解析, 则必有一包含于其中的开集 $|z_1|<r_1', |z_2-b_2|<\rho_2,\cdots,|z_n-b_n|<\rho_n$, 使 $f(z)$ 在其中有界, r_1' 是任意小于 r_1 的正数.

我们命

$$\mu(z_2,\cdots,z_n)=\sup_{|z_1|=r_1'}|f(z_1,z_2,\cdots,z_n)|.$$

如定理 1.4.3 一样的证明, 在 $P^{(1)}(r)$ 中必有一正整数 k_0 及一包含于 $P^{(1)}$ 的非空开集 G, 使得当 $|z_1|<r$ 及 $(z_2,\cdots,z_n)\in G$ 时, $|f(z)|\leqslant k_0$.

(iii) 我们不妨假定 $r_2=\cdots=r_n=s_0$. 现在证明: 若在 $P(r)$ 的闭包中 $f(z)$ 对每一个变数解析, 并有一正数 $s_1<s_0$ 使 $|f(z)|$ 在

$$|z_1|<r_1, |z_2|<s_1,\cdots,|z_n|<s_1 \tag{1.5.2}$$

有界, 则对任一介乎 s_1 与 s_0 之间的正数 s 及任一 $r_0 < r_1, |f(z)|$ 在

$$|z_1| < r_0, |z_2| < s, \cdots, |z_n| < s \tag{1.5.3}$$

有界.

实际上, 由 (1.5.1) 及 (1.2.4) 可知, 当 $|z_1| < r_1$ 时, 有

$$\left|\frac{f_{\nu_2\cdots\nu_n}(z_1)}{M}s_0^{\nu_2+\cdots+\nu_n}\right| < \left(\frac{s_0}{s_1}\right)^{\nu_2+\cdots+\nu_n}. \tag{1.5.4}$$

取 r 介乎 r_0 与 r_1 之间, 使得在 $|z_1| = r$ 上凡不恒等于零的 $f_{\nu_2\cdots\nu_n}(z_1)$ 是没有零点的. 命 $P_{\nu_2\cdots\nu_n}$ 表 $|z_1| = r$ 上的圆弧, 其中的点使上式左边大于 1 者. 如定理 1.4.4 一样的证明, 任与 $\varepsilon > 0$, 最多有有限个 $P_{\nu_2\cdots\nu_n}$ 适合

$$\text{mes}\, P_{\nu_2\cdots\nu_n} > \varepsilon.$$

如果 $f_{\nu_2\cdots\nu_n}$ 不恒为零, 则命

$$h_{\nu_2\cdots\nu_n}(\rho e^{i\theta}) = \frac{1}{\nu_2+\cdots+\nu_n}\log\left|\frac{f_{\nu_2\cdots\nu_n}(\rho e^{i\theta})}{M}\right| + \log s_0,$$

其中 $z_1 = \rho e^{i\theta}$. 这就是在 $|z_1| < r$ 中最多除了有限多个点外是调和的. 我们借助 Poisson 积分作一调和函数 $g_{\nu_2\cdots\nu_n}$, 在 $P_{\nu_2\cdots\nu_n}$ 上取值 $\log s_0/s_1$, 而在 $|z_1| = r$ 的其他部分为零. 如是当 $\nu_2, \cdots, \nu_n$ 充分大时, 有

$$g_{\nu_2\cdots\nu_n}(re^{i\theta}) < \varepsilon. \tag{1.5.5}$$

至于其余的证明, 读者可仿上节之证明不难完成之.

由 Hartogs 定理可得出

定理 1.5.2 若 $f(z)$ 是在 $\mathbb{C}^n$ 的一域 D 定义的函数, 对每一点 $a \in D, f(z)$ 在一包含于 D 的邻域 $P(a, r)$ 中对每一个变数是解析的, 则 $f(z)$ 在 D 解析.

由此定理可见, 在域 D 中解析的函数 $f(z)$ 能定义为在 D 中每一点偏导数 $\dfrac{\partial f(z)}{\partial z_1}, \cdots, \dfrac{\partial f(z)}{\partial z_n}$ 存在的函数.

1.6 可除去的奇异点

定理 1.6.1 设 $f(z)$ 是在空间 $\mathbb{C}^n$ 的域 D 解析且不恒等于零的函数. 命 D 中使 $f(z) = 0$ 的点 z 所成的集为 E. 若 $g(z)$ 在 $D - E$ 中解析并有界, 则 $g(z)$ 在整个域 D 是解析的①.

证 (i) 我们先证 $f(z) \equiv z_1$ 而 $D = P(r) = \{|z_1| < r_1, \cdots, |z_n| < r_n\}$ 的特殊情况.

①严格的说, $g(z)$ 可解析展拓至整个域 D.

取正数 $r < r_1$ 而命

$$h(z) = \frac{1}{2\pi i}\int_{|\zeta_1|=r}\frac{g(\zeta_1, z_2, \cdots, z_n)}{\zeta_1 - z_1}d\zeta_1,$$

这是在

$$|z_1| < r, |z_2| < r_2, \cdots, |z_n| < r_n$$

中解析的函数. 若 $z = (z_1, \cdots, z_n)$ 是上面多圆柱中的点, 其中 $|z_1| = \rho \neq 0$ 者, 则对任一正数 $\eta < \rho$ 有

$$\begin{aligned} g(z) =& \frac{1}{2\pi i}\int_{|\zeta_1|=r}\frac{g(\zeta_1, z_2, \cdots, z_n)}{\zeta_1 - z_1}d\zeta_1 \\ &- \frac{1}{2\pi i}\int_{|\zeta_1|=\eta}\frac{g(\zeta_1, z_2, \cdots, z_n)}{\zeta_1 - z_1}d\zeta_1. \end{aligned}$$

由假设 $|g(z)| < M$, 有

$$\begin{aligned} |h(z) - g(z)| =& \left|\frac{1}{2\pi i}\int_{|\zeta_1|=\eta}\frac{g(\zeta_1, z_2, \cdots, z_n)}{\zeta_1 - z_1}d\zeta_1\right| \\ <& \frac{M\eta}{\rho - \eta} \quad (\text{因为 } |\zeta_1 - z_1| \geqslant \rho - \eta). \end{aligned}$$

由于 η 可以任意小, 故得

$$h(z) = g(z).$$

此乃表示 $g(z)$ 在 $P(r)$ 解析.

(ii) 现证 $f(z) \equiv z_1$ 而 D 是任意域的情况. 在 E 的每一点 a 取一多圆柱 $P(a, r)$ 包含于 D 中者. $f(z)$ 在 $P(a, r)$ 必不恒等于零, 否则根据定理 1.2.2, 它在整个域 D 为零. 这与假设是不符的.

$g(z)$ 在 $P(a, r)$ 中除了 $f(z) = 0$ 的 z 点组成的集 E_a 外是解析的并且是有界的, 因而从 (i) 可知, $g(z)$ 在 a 点亦解析. 由于 a 可以是 E 中任一点, $g(z)$ 在 D 解析.

(iii) 最后证一般的情况. 命 E_0 为 E 的子集, 由 $\dfrac{\partial f(z)}{\partial z_\alpha}$ $(\alpha = 1, \cdots, n)$ 中有一不为零的 z 点组成者. 若 $a \in E_0$, 不妨假定 $\left[\dfrac{\partial f(z)}{\partial z_1}\right]_{z=a} \neq 0$, 则我们有包含于 D 的 a 点的连通邻域 $U(a)$ 使得变换

$$z_1^* = f(z), z_2^* = z_2 - a_2, \cdots, z_n^* = z_n - a_n \tag{1.6.1}$$

把 $U(a)$ 一一地映为 $z^* = (z_1^*, \cdots, z_n^*)$ 空间的 $z^* = 0$ 点的一邻域 U^* (定理 1.3.2), 亦即在此邻域有 (1.6.1) 的逆变换

$$z_1 = h(z^*), z_2 = z_2^* + a_2, \cdots, z_n = z_n^* + a_n.$$

命

$$g^*(z^*) = g(h(z^*), z_2^* + a_2, \cdots, z_n^* + a_n).$$

这是在 U^* 中除了 $z_1^* = 0$ 的点集外是解析的并且有界的, 据 (ii) 知 $g^*(z^*)$ 在整个邻域 U^* 解析, 因而 $g(z)$ 在整个邻域 $U(a)$ 解析. 这证明了 $g(z)$ 在任一点 $a \in E_0$ 解析.

命 E_1 代表 E 中的点集由适合

$$f(z) = 0, \frac{\partial f(z)}{\partial z_1} = 0, \cdots, \frac{\partial f(z)}{\partial z_n} = 0.$$

而 $\frac{\partial^2 f(z)}{\partial z_\alpha \partial z_\beta}$ $(\alpha, \beta = 1, \cdots, n)$ 最少有一不为零的 z 点组成. 设 $a \in E_1$, 而有一对固定的正整数 α, β $(\leqslant n)$ 使 $\left[\frac{\partial^2 f(z)}{\partial z_\alpha \partial z_\beta}\right]_{z=a} \neq 0$. 我们有 a 的充分小邻域使得变换

$$\begin{aligned} z_1^* =& z_1 - a_1, \cdots, z_{\alpha-1}^* = z_{\alpha-1} - a_{\alpha-1}, z_\alpha^* = \frac{\partial f(z)}{\partial z_\beta}, \\ & z_{\alpha+1}^* = z_{\alpha+1} - a_{\alpha+1}, \cdots, z_n^* = z_n - a_n \end{aligned} \tag{1.6.2}$$

把此邻域一一地映为 z^* 空间 $z^* = 0$ 的一邻域, 并且逆变换

$$\begin{aligned} z_1 = z_1^* + a_1, \cdots, z_{\alpha-1} = z_{\alpha-1}^* + a_{\alpha+1}, z_\alpha = h(z^*), \\ z_{\alpha+1} = z_{\alpha+1}^* + a_{\alpha+1}, \cdots, z_n = z_n^* - a_n \end{aligned}$$

是解析的. 由于 E_1 的点包含于适合方程

$$\frac{\partial f(z)}{\partial z_\beta} = 0$$

的 z 点集中, 而此点集在 a 的充分小邻域中的点经变换 (1.6.2) 映入 z^* 空间适合

$$z_\alpha^* = 0$$

的点集. 这就可以如上面一样证明函数

$$g^*(z^*) = g(z_1^* + a_1, \cdots, h(z^*), \cdots, z_n^* + a_n)$$

在 $z^* = 0$ 点是解析的, 因之 $g(z)$ 在 $z = a$ 点解析.

如此继续, 命 E_ν $(\nu = 1, 2, \cdots)$ 表 E 中的子集, 由适合

$$f(z) = 0, \quad \frac{\partial^{\nu_1 + \cdots + \nu_n} f(z)}{\partial z_1^{\nu_1} \cdots \partial z_n^{\nu_n}} = 0, \quad \nu_1 + \cdots + \nu_n \leqslant \nu,$$

而 $\dfrac{\partial^{\nu_1+\cdots+\nu_n} f(z)}{\partial z_1^{\nu_1}\cdots\partial z_n^{\nu_n}}, \nu_1+\cdots+\nu_n=\nu+1$, 最少有一不为零的 z 点组成. 应用上面的方法, 同样可以证明 $g(z)$ 在 E_ν 的点是解析的.

如果我们能证明 $E=E_0+E_1+\cdots+E_\nu+\cdots$, 则定理便证明了. 实际上, 如 $a\in E$, 由于 $f(z)$ 在 D 中不恒等于零, 便知

$$\left[\frac{\partial^{\nu_1+\cdots+\nu_n} f(z)}{\partial z_1^{\nu_1}\cdots\partial z_n^{\nu_n}}\right]_{z=a}, \quad \nu_1+\cdots+\nu_n=0,1,2,\cdots$$

最少有一不为零, 否则据 (1.1.2) 知, $f(z)$ 在 a 点的幂级数展式为零, 因而在整个域 D 恒等于零 (定理 1.2.2). 这与假设矛盾. 故 a 必属于某一 E_ν. 定理证明.

定理 1.6.2 设 $\varphi_1(z_1,\cdots,z_n),\cdots,\varphi_n(z_1,\cdots,z_n)$ 在一域 D 中解析, 其函数行列式的 $s\ (<n)$ 阶子行列式有一不恒等于零, 而所有大于 s 阶的子行列式皆恒等于零, 则对 D 中的任一点 a 使得有一 s 阶子行列式在 a 点不为零者, 必有一邻域 $U(a)$, 使得 $\varphi_a(z)$ 在 $U(a)$ 中适合一函数关系

$$\psi(\varphi_1(z),\cdots,\varphi_n(z))\equiv 0,$$

其中 $\psi(w_1,\cdots,w_n)$ 是在 $b_1=\varphi_1(a),\cdots,b_n=\varphi_n(a)$ 点的邻域 $V(b)$ 中解析的不恒等于零的函数.

证 如果 $s=0$, 则所有 φ_α 皆是常数, 定理是显然的.

如果 $s>0$, 不妨假定 $\left[\det\dfrac{\partial(\varphi_1,\cdots,\varphi_s)}{\partial(z_1,\cdots,z_s)}\right]_{z=a}\neq 0$.

根据定理 1.3.2 知, 方程组

$$w_\alpha=\varphi_\alpha(z_1,\cdots,z_n),\quad \alpha=1,\cdots,n,$$

的首 s 个方程有一解

$$z_j=\mu_j(z_{s+1},\cdots,z_n,w_1,\cdots,w_s),\quad j=1,\cdots,s.$$

此解在 $z_{s+1},\cdots,z_n,w_1,\cdots,w_s$ 的空间中 $z_{s+1}=a_{s+1},\cdots,z_n=a_n,w_1=b_1,\cdots,w_s=b_s$ 点的一邻域 $V_1(a_{s+1},\cdots,a_n,b_1,\cdots,b_s)$ 解析. 设此邻域为

$$|z_{s+1}-a_{s+1}|<\delta,\cdots,|z_n-a_n|<\delta,$$
$$|w_1-b_1|<\delta,\cdots,|w_n-b_n|<\delta.$$

此外 $a_j=\mu_j(a_{s+1},\cdots,a_n,b_1,\cdots,b_s), j=1,\cdots,s$.

由此可见, 对任一包含于 D 的多圆柱

$$|z_1-a_1|<\varepsilon,\cdots,|z_n-a_n|<\varepsilon,$$

我们可取 δ 充分之小, 使得 $(z_{s+1},\cdots,z_n,w_1,\cdots,w_s)\in V_1$ 时,

$$|\mu_1-a_1|<\varepsilon,\cdots,|\mu_s-a_s|<\varepsilon.$$

我们以 $z_j=\mu_j\ (j=1,\cdots,s)$ 代入 $w_{s+1}=\varphi_{s+1}(z)$ 中, 可得

$$w_{s+1}-\varphi^*_{s+1}(z_{s+1},\cdots,z_n,w_1,\cdots,w_s)=0,$$

其中

$$\varphi^*_{s+1}\equiv\varphi_{s+1}(\mu_1,\cdots,\mu_s,z_{s+1},\cdots,z_n)$$

是 V_1 中解析的函数.

φ^*_{s+1} 不包含 $z_{s+1},\cdots,z_n$, 因为当 $k\geqslant s+1$ 时, 由计算可知

$$\begin{aligned}\frac{\partial\varphi^*_{s+1}}{\partial z_k}&=\frac{\partial\varphi_{s+1}}{\partial z_k}+\sum_{j=1}^{s}\frac{\partial\varphi_{s+1}}{\partial z_j}\frac{\partial\mu_j}{\partial z_k}\\&=\det\frac{\partial(\varphi_1,\cdots,\varphi_{s+1})}{\partial(z_1,\cdots,z_s,z_k)}\Big/\det\frac{\partial(\varphi_1,\cdots,\varphi_s)}{\partial(z_1,\cdots,z_s)}\equiv 0.\end{aligned}$$

命

$$\psi(w_1,\cdots,w_n)\equiv w_{s+1}-\varphi^*_{s+1}(w_1,\cdots,w_s),$$

这显然是在 $V(b)$:

$$|w_1-b_1|<\delta,\cdots,|w_n-b_n|<\delta$$

解析的函数, 并且当 $w_1,\cdots,w_n$ 独立变化时不恒等于零. 但当 z 在 a 的充分小邻域 $U(a)$ 中使得

$$|\varphi_\alpha(z)-b_\alpha|<\delta,\quad \alpha=1,\cdots,n$$

时,

$$\psi(\varphi_1(z),\cdots,\varphi_n(z))\equiv 0.$$

定理证明.

注意: (i) 上面的证明包含了: 当 $z\in U(a)$ 时, 映照 $w_\alpha=\varphi_\alpha(z)\ (\alpha=1,\cdots,n)$ 的象点落在 $V(b)$ 中.

(ii) 上面的定理包含了: 如果 $\varphi_\alpha(z)\ (\alpha=1,\cdots,n)$ 在 D 中解析, 其函数行列式恒等于零, 则在 D 中必有一点 a 的邻域 $U(a)$, 使得在其中有一函数关系 $\psi(\varphi_1(z),\cdots,\varphi_n(z))\equiv 0$, 而 $\psi(w_1,\cdots,w_n)$ 是在 b 点 $(b_\alpha=\varphi_\alpha(a))$ 的邻域 $V(b)$ 解析, 但不恒等于零的函数, 并且当 $z\in U(a)$ 时, w 点 $(w_\alpha=\varphi_\alpha(z))$ 落在 $V(b)$ 中.

定理 1.6.3 如果 $\psi(z_1,\cdots,z_n)$ 在一域 D 中解析且非常数, 则映照 $w=\psi(z_1,\cdots,z_n)$ 在 w 平面的 D 的象点集合 D_1 是一域.

证 我们先证 D_1 是一开集, 这只要证任一点 $a \in D$ 的象点 $\lambda = \varphi(a)$, 必有一开集 $U_1(\lambda) \subset D_1$.

我们可选取适当的坐标使得 $a = 0$ 及 $\lambda = 0$. 由于 $\psi(z)$ 不是常数, 我们可在原点的邻域 U 中展开 $\psi(z)$, 设其为

$$\psi(z) = P_k(z) + P_{k+1}(z) + \cdots, \quad k \geqslant 1,$$

其中 $P_m(z)$ 是 $z_1, \cdots, z_n$ 的 m 次齐次多项式而 $P_k(z) \not\equiv 0$. 于是在 U 中最少有一点 $b = (b_1, \cdots, b_n)$ $(b \neq 0)$ 使 $P_k(b) \neq 0$.

我们可作一如下形式的非异线性变换 T:

$$z_1 = b_1 z_1^* + \cdots, \cdots, z_n = b_n z_1^* + \cdots,$$

把 U 一一地映为 U^*, 并使得

$$P_k(z) = P_k(b)(z_1^*)^k + \cdots.$$

命

$$\psi^*(z^*) \equiv \psi(z(z^*)) = P_k(b)(z_1^*)^k + \cdots, \quad P_k(b) \neq 0.$$

由此可见

$$\frac{\partial}{\partial z_1^*}\psi^*(z_1^*, 0, \cdots, 0) \not\equiv 0.$$

因此有一邻域 Q_{n-1}^*:

$$|z_2^*| < \varepsilon, \cdots, |z_n^*| < \varepsilon$$

使得在其中任一点 $(a_2^*, \cdots, a_n^*)$ 有

$$\frac{\partial}{\partial z_1^*}\psi^*(z_1^*, a_2^*, \cdots, a_n^*) \not\equiv 0.$$

如若不然, 必有一点串 $\left(a_2^{*(\nu)}, \cdots, a_n^{*(\nu)}\right) \to (0, \cdots, 0)$, 使得

$$\frac{\partial}{\partial z_1^*}\psi^*\left(z_1^*, a_2^{*(\nu)}, \cdots, a_n^{*(\nu)}\right) \equiv 0.$$

于是由 $\dfrac{\partial \psi^*}{\partial z_1^*}$ 的连续性知

$$\frac{\partial}{\partial z_1^*}\psi^*(z_1^*, 0, \cdots, 0) = \lim_{\nu \to \infty}\frac{\partial}{\partial z_1^*}\psi^*\left(z_1^*, a_2^{*(\nu)}, \cdots, a_n^{*(\nu)}\right) \equiv 0.$$

矛盾. 因此我们证明了: 对 Q_{n-1}^* 中任一固定的点 $(z_2^*, \cdots, z_n^*)$, $\psi^*(z_1^*, z_2^*, \cdots, z_n^*)$ 对 z_1^* 来说不是常数.

我们取 ε 充分小, 使得邻域 Q_n^*:

$$|z_1^*| < \varepsilon, |z_2^*| < \varepsilon, \cdots, |z_n^*| < \varepsilon$$

包含于 U^* 中. 应用单复变数函数论的内点定理知, 当 $z_2^*, \cdots, z_n^*$ 固定在 Q_{n-1}^* 中时, 映照 $w = \psi(z_1^*, z_2^*, \cdots, z_n^*)$ 把圆 $|z_1^*| < \varepsilon$ 映为 w 平面的一开集 $U_{z_2^*, \cdots, z_n^*}$. 命

$$U_1 = \sum_{(z_2^*, \cdots, z_n^*) \in Q_{n-1}^*} U_{z_2^*, \cdots, z_n^*},$$

此即 Q_n^* 对映照 $w = \psi^*(z^*)$ 的在 w 平面的象点集合, 显然, 仍是 w 平面的开集. 由于 Q_n^* 经映照 T 映入 U 内, 而

$$w = \psi^*(z^*) = \psi(z(z^*)),$$

故 U_1 包含在 U 的对映照 $w = \psi(z)$ 的象点集合中, 因而包含于 D_1 中. 所以 D_1 是开集.

其次证明 D_1 是连通的. 任两点 $\alpha, \beta \in D_1$, 最少分别有一原象点 $a, b \in D$, 即 $\alpha = \psi(a), \beta = \psi(b)$. 由于 a 与 b 可在域 D 中以一曲线 $z_\nu = z_\nu(t)$ $(\nu = 1, \cdots, n; 0 \leqslant t \leqslant t_0)$ 相联, 因之 α 与 β 点亦能以一在 D_1 中的曲线 $w = \psi(z(t))$ 相联. 定理证明.

定理 1.6.4 设 $n < m$. 解析映照 T:

$$w_1 = \varphi_1(z_1, \cdots, z_n), \cdots, w_m = \varphi_m(z_1, \cdots, z_n)$$

把空间 $\mathbb{C}^n$ 的一域 D 一一映入空间 $\mathbb{C}^m$ 的一域 D^* 内. D 的象点集合命之为 E^*. 若 $g(w) = g(w_1, \cdots, w_m)$ 在 $D^* - E^*$ 中解析并有界, 则 $g(w)$ 在整个 D^* 中解析.

证 (i) 先考虑 $n = 1$ 的情形. 如果 $\varphi_1(z_1) = c_1 =$ 常数, 则 D 对变换 T 的象点 E^* 包含于 D^* 中的 $w_1 = c_1$ 点集中. $g(w)$ 在 D^* 中最多除去 $w_1 - c_1 = 0$ 的点外是解析的并且 $|g(w)| \leqslant M$, 因之在 D^* 解析.

如果 $\varphi_1(z_1)$ 非常数, 而 $a_1 \in D$. 命

$$a_1^* = \varphi_1(a_1), \cdots, a_m^* = \varphi_m(a_1),$$

则 $a^* = (a_1^*, \cdots, a_m^*) \in E^*$. 我们可设

$$\begin{aligned} w_1 - a_1^* &= \varphi_1(z_1) - \varphi_1(a_1) \\ &= \lambda(z_1 - a_1)^k[1 + \mu(z_1 - a_1) + \cdots], \end{aligned}$$

其中 $\lambda \neq 0$ 而 k 为正整数, 则当 $|w_1 - a_1^*|$ 充分小时, 有

$$z_1 = a_1 + \mu_1 (w_1 - a_1^*)^{\frac{1}{k}} + \mu_2 (w_1 - a_1^*)^{\frac{2}{k}} + \cdots, \quad \mu_1 \neq 0.$$

此乃表示 T 之逆映照是连续的, 亦即 T 是一个把 D 映为 E^* 的拓扑映照. 由于 $\frac{d\varphi_1(z_1)}{dz_1} \neq 0, \frac{d\varphi_1(z_1)}{dz_1}$ 在 D 中最多有可数多个孤立的零点 $\left\{a_1^{(k)}\right\}_{k=1,2,\cdots,}$ 对任一 $a_1 \in D-\left\{a_1^{(k)}\right\}$, 有 $\left[\frac{d\varphi_1(z_1)}{dz_1}\right]_{z_1=a_1} \neq 0$, 因此从 $w_1=\varphi_1(z_1)$ 在 a_1 的邻域中可解出 $z_1=\psi_1(w_1)$, 这是在 $w_1=a_1^*$ 的 w_1 平面的邻域中解析的函数, 并且 $a_1=\psi_1\left(a_1^*\right)$. 以之代入 $\varphi_2(z_1), \cdots, \varphi_m(z_1)$ (注意 $m>1$), 我们有

$$w_2-\varphi_2(\psi_1(w_1))=0, \cdots, w_m-\varphi_m(\psi_1(w_1))=0.$$

此乃表示在 $a^*=(a_1^*, \cdots, a_m^*)$ 的充分小邻域 $U^*\left(a^*\right)$ 中, E^* 的点由适合上面的方程的 w 点定义. 但在此邻域 E^* 的点, 显然的包含于适合下面方程的 w 点集中:

$$w_2-\varphi_2(\psi_1(w_1))=0. \tag{1.6.3}$$

$g(w)$ 在 $U^*\left(a^*\right)$ 的最多除了由 (1.6.3) 定义的点集外解析并且其绝对值 $\leqslant M$, 因之 $g(w)$ 在 $U^*\left(a^*\right)$ 中解析, 其绝对值在此邻域中亦 $\leqslant M$ (定理 1.6.1).

由于 a_1 可以是 $D-\left\{a_1^{(k)}\right\}$ 的任一点, 故我们证明了 $g(w)$ 在 D^* 中除了 $a_1^{(k)}$ 的象点 $a^{*(k)}=Ta_1^{(k)}$ 外是解析的, 并且绝对值 $\leqslant M$. 由于 T 是映 D 为 E^* 的拓扑映照, $a_1^{(k)}$ 为 D 的孤立点, $a^{*(k)}$ 也是 E^* 的, 亦即 D^* 的孤立点. 换言之, 任一 $a^{*(k)}$ 有一邻域 $U^*\big(a^{*(k)}\big) \subset D^*$ 不包含其他的 $a^{*(l)}$ 点. 在此邻域中, $g(w)$ 除去 $a^{*(k)}$ 外解析并有界, 因之在整个 $U^*\big(a^{*(k)}\big)$ 解析. 这就证明了 $g(w)$ 在整个 D^* 中解析.

(ii) 应用归纳法, 我们假设定理在 $(k-1)$ 个 $(1<k \leqslant n)$ 复变数时成立, 现在要证明在 k 个复变数. $z_1, \cdots, z_k$ 时亦成立. 此时映照 T:

$$w_1=\varphi_1(z_1, \cdots, z_k), \cdots, w_m=\varphi_m(z_1, \cdots, z_k)$$

的前面 k 个函数的函数行列式命之为

$$f(z_1, \cdots, z_k)\left(\equiv \det \frac{\partial(w_1, \cdots, w_k)}{\partial(z_1, \cdots, z_k)}\right).$$

我们分下面几种情形讨论之:

(iia) 如果 $f(z_1, \cdots, z_k) \not\equiv 0$.

设 $a \in D, a^*=Ta$, 而 $f(a_1, \cdots, a_k) \neq 0$, 我们可解出

$$z_1=\psi_1(w_1, \cdots, w_k), \cdots, z_k=\psi_k(w_1, \cdots, w_k).$$

以之代入其他的 $\varphi_\alpha\left(z_1, \cdots, w_k\right)$ (注意 $m>k$), 则在 a^* 的充分小邻域 $U^*(a^*)$ 中,

E^* 的点由下面的方程定义:

$$\begin{gathered} w_{k+1}-\varphi_{k+1}(\psi_1(w_1,\cdots,w_k),\cdots,\psi_k(w_1,\cdots,w_k))=0,\\ \vdots\\ w_m-\varphi_m(\psi_1(w_1,\cdots,w_k),\cdots,\psi_k(w_1,\cdots,w_k))=0. \end{gathered}$$

因之 $g(w)$ 在 $U^*(a^*)$ 中最多除去适合方程

$$w_{k+1}-\varphi_{k+1}(\psi_1(w_1,\cdots,w_k),\cdots,\psi_k(w_1,\cdots,w_k))=0$$

之点集外是解析的并且其绝对值 $\leqslant M$. 因之在 $U^*(a^*)$ 解析且其绝对值 $\leqslant M$.

现在把域 D 的点分为点集 $D_0,D_1,\cdots,D_\nu,\cdots$, 其中 D_0 由使 $f(z_1,\cdots,z_k)\neq 0$ 的 z 点组成; D_ν 由当 $\nu_1+\cdots+\nu_k\leqslant \nu-1$ 时 $\dfrac{\partial^{\nu_1+\cdots+\nu_k}f(z_1,\cdots,z_k)}{\partial z_1^{\nu_1}\cdots\partial z_k^{\nu_k}}$ 为零, 而当 $\nu_1+\cdots+\nu_k=\nu$ 时最少有一使 $\dfrac{\partial^{\nu_1+\cdots+\nu_k}f}{\partial z_1^{\nu_1}\cdots\partial z_k^{\nu_k}}$ $(\nu=0,1,2,\cdots)$ 不为零的 $(z_1,\cdots,z_k)$ 点组成. 对 D 的任一点 a, 所有

$$\left[\frac{\partial^{\nu_1+\cdots+\nu_k}f(z_1,\cdots,z_k)}{\partial z_1^{\nu_1}\cdots\partial z_k^{\nu_k}}\right]_{z=a},\quad \nu_1,\cdots,\nu_k=0,1,2,\cdots$$

之值不能全部为零, 否则 f 在 a 的邻域的幂级数展式恒等于零, 这与 f 不恒为零的假设矛盾. 因此 a 必属于某一 D_ν, 此即 $D=D_0+D_1\cdots+D_\nu+\cdots$.

命 $E_\nu^*=TD_\nu$, 则 $E^*=E_0^*+E_1^*+\cdots+E_\nu^*+\cdots$.

上面已证明, $g(w)$ 在 $E_0^*=TD_0$ 的点亦解析并绝对值 $\leqslant M$. 假设我们已证 $g(w)$ 在 D^*-E^* 中再加上在 $E_0^*,E_1^*,\cdots,E_\nu^*$ 的点上仍是解析并绝对值 $\leqslant M$, 现在证明对任一点 $a^*\in E_{\nu+1}^*,g(w)$ 亦解析并绝对值 $\leqslant M$.

如果 a 为 a^* 的在 D 中的原象点, 则 $a\in D_{\nu+1}$, 此即 a 点适合下面的方程

$$\frac{\partial^{\nu_1+\cdots+\nu_k}f(z_1,\cdots,z_k)}{\partial z_1^{\nu_1}\cdots\partial z_k^{\nu_k}}=0,\quad \nu_1+\cdots+\nu_k=l,l=0,1,\cdots,\nu.$$

$\left[\dfrac{\partial^{\nu+1}f(z)}{\partial z_1^{\nu_1}\cdots\partial z_k^{\nu_k}}\right]_{z=a}$ 中最少有一不为零, 设

$$\left[\frac{\partial^{\nu+1}f(z)}{\partial z_1^{\mu_1+1}\partial z_2^{\mu_2}\cdots\partial z_k^{\mu_k}}\right]_{z=0}\neq 0,$$

其中 $\mu_1,\cdots,\mu_k$ 为一组固定的非负整数适合 $\mu_1+\cdots+\mu_k=\nu$ 者.

显然点集 $D_{\nu+1}$ 包含于适合下面方程

$$\varphi(z_1,\cdots,z_k)\equiv\frac{\partial^{\mu_1+\cdots+\mu_k}f(z_1,\cdots,z_k)}{\partial z_1^{\mu_1}\cdots\partial z_k^{\mu_k}}=0$$

的点集中. 由于 $\left[\dfrac{\partial\varphi(z)}{\partial z_1}\right]_{z=a} \neq 0$, 我们可解出

$$z_1 = \psi(z_2, \cdots, z_k).$$

这是在邻域 P_{k-1}:

$$|z_2 - a_2| < \varepsilon, \cdots, |z_k - a_k| < \varepsilon$$

中解析的函数 $[a_1 = \psi(a_2, \cdots, a_n)]$, 并且在此邻域适合

$$\varphi(\psi(z_2, \cdots, z_n), z_2, \cdots, z_n) = 0.$$

我们可取 ε 充分小, 使得在 D 中存在一邻域

$$U(a) : z_1 \in U_1(a_1), |z_2 - a_2| < \varepsilon, \cdots, |z_n - a_n| < \varepsilon,$$

其中 $U_1(a_1)$ 是 z_1 平面中 a_1 点的邻域①. 而在 $U(a)$ 中, $D_{\nu+1}$ 的点包含于由 $z_1 = \psi(z_2, \cdots, z_k), (z_2, \cdots, z_k) \in P_{k-1}$ 表示的点.

命 $U^* = TU(a)$. 由于 T 是映 D 入 D^* 的一一映照, 根据拓扑学熟知的定理②, T 是映 D 为 $E^* = TD$ 的拓扑映照 (E^* 的拓扑为对于 D^* 的相对拓扑). 由于 $U(a)$ 是 D 的开集, U^* 必为 E^* 的开集, 即有一 D^* 的开集 V_1, 使得 $U^* = E^* \cap V_1$. 从上面的证明知, $g(w)$ 在 V_1 中最多除去映照 T_1:

$$\begin{aligned} w_1 &= \varphi_1(\psi(z_2, \cdots, z_n), z_2, \cdots, z_k), \\ &\ \ \vdots \\ w_m &= \varphi_m(\psi(z_2, \cdots, z_n), z_2, \cdots, z_k), (z_2, \cdots, z_k) \in P_{k-1} \end{aligned}$$

的 P_{k-1} 的象点集合外是解析并有界的. 映照 T_1 必是一一的, 因为如果 $(b_2, \cdots, b_k)$ 与 $(c_2, \cdots, c_k)$ 是 P_{k-1} 的不同的点, 则 $(\psi(b_2, \cdots, b_k), b_2, \cdots, b_k)$ 与 $(\psi(c_2, \cdots, c_k), c_2, \cdots, c_k)$ 是 $U(a)$ 中不同的点, 因此经映照 T 映为不同的点. 故 T_1 把不同的点映为不同的点.

应用归纳法假设, $g(w)$ 在整个 V_1 中解析, 此乃表示 $g(w)$ 在 $E^*_{\nu+1}$ 的点亦解析. 容易证明, $D_{\nu+1}$ 的点是 D_ν 的聚点, 因之 $E^*_{\nu+1}$ 的点是 E^*_ν 的聚点. 由 $g(w)$ 的连续性知, 其绝对值在 $E^*_{\nu+1}$ 亦 $\leqslant M$. 至此我们证明了 $g(w)$ 可在整个 D^* 域解析.

(iib) $f(z_1, \cdots, z_k) \equiv 0$ 的情形.

---

①如果 ψ 是常数, 即 $\psi = a_1$, 我们取 $U_1(a_1) = \{|z_1 - a_1| < \varepsilon\}$, ε 充分小便可. 如果 ψ 非常数, 我们取 $U_1(a_1)$ 为映照 $z_1 = \psi(z_2, \cdots, z_k)$ 在 z_1 平面的 P_{k-1} 的象点集合, 根据定理 1.6.3, 这是 z_1 平面的域.

②参阅定理 1.6.6 的证明中的注.

如果所有的 $\dfrac{\partial\varphi_\alpha(z)}{\partial z_\beta}(\alpha,\beta=1,\cdots,k)$ 皆恒等于零, 则 $\varphi_1(z)=c_1$ 是常数, 而 E^* 包含于解析超平面 $w_1-c_1=0$ 中, 定理显然成立. 故我们不妨假定 $f(z)\equiv\det\dfrac{\partial(\varphi_1,\cdots,\varphi_k)}{\partial(z_1,\cdots,z_k)}$ 有一 $s\ (0<s<k)$ 阶子行列式 $h(z_1,\cdots,z_k)\equiv\det\dfrac{\partial(\varphi_1,\cdots,\varphi_s)}{\partial(z_1,\cdots,z_s)}$ 不恒等于零, 而所有 $s+1$ 阶子行列式皆恒等于零.

现在我们把 D 分解为和集 $D_0+D_1+\cdots+D_\nu+\cdots$, 其中 D_0 是 D 中使 $h(z)\neq 0$ 的 z 所成的点集, D_ν 是 D 中的 z 点使得

$$\frac{\partial^{\nu_1+\cdots+\nu_k}h(z)}{\partial z_1^{\nu_1}\cdots\partial z_k^{\nu_k}}$$

当 $\nu_1+\cdots+\nu_k\leqslant\nu-1$ 时为零, 而当 $\nu_1+\cdots+\nu_k=\nu$ 时最少有一不为零 $(\nu=1,2,\cdots)$ 者. 相应的把 E^* 分解为 $E_0^*+E_1^*+\cdots+E_\nu^*+\cdots$, 其中 $E_\nu^*=TD_\nu$.

如果 $a\in D_0$, 根据定理 1.6.2 知, 在 a 的邻域 $U(a)$ 中有一函数关系

$$\psi(\varphi_1(z_1,\cdots,z_k),\cdots,\psi_k(z_1,\cdots,z_k))\equiv 0,$$

其中 $\psi(w_1,\cdots,w_k)$ 是在 $a^*=Ta$ 的邻域 $V^*(a^*)$ 中解析而不恒等于零的函数, 并且我们可取 $U(a)$ 充分之小, 使得 $U^*=TU(a)\subset V^*(a^*)$. 由于 T 是一一的, 必存在包含于 $V^*(a^*)$ 的开集 V_1, 使 $U^*=E^*\cap V_1$. 此乃表示在 V_1 中 E_0^* 的点必适合方程

$$\psi(w_1,\cdots,w_k)=0.$$

根据定理 1.6.1 知, $g(w)$ 在 E_0^* 亦解析并绝对值 $\leqslant M$.

如果 $a^*\in E_\nu^*\ (\nu=1,2,\cdots)$, 则我们可用 (iia) 中的方法, 消去一个 z 的变数而应用归纳法假设证明 $g(w)$ 在 E_ν^* 亦解析且绝对值 $\leqslant M$. 由此得知, $g(w)$ 可在整个 D^* 域解析. 定理完全证明.

定理 1.6.5 设 $f(z_1,\cdots,z_n)$ 是在空间 $\mathbb{C}^n$ 的一域 D 内不恒等于零的解析函数, 解析映照 T:

$$w_1=\varphi_1(z),\cdots,w_m=\varphi_m(z)\quad(n\leqslant m)$$

把 D 一一地映入空间 $\mathbb{C}^m$ 的一域 D^* 之内. 命点集 $E=\{z|z\in D,f(z)=0\}$, 而 E^* 为 E 的象点, 即 $E^*=TE$. 若 $g(w)=g(w_1,\cdots,w_m)$ 在除去 E^* 外的 D^* 中解析并有界, 则 $g(w)$ 在整个 D^* 域解析.

证 如果 $m>n$, 定理是显然的, 因为 E^* 包含于整个域 D 对 T 的象点集合中, 而此定理是定理 1.6.4 的显然推论. 所以我们只要证 $m=n$ 的情形.

我们把点集 E 分解为 $E=E_0+E_1+E_2+\cdots$, 其中 E_ν 的点 z 是使得

$$\frac{\partial^{\nu_1+\cdots+\nu_n}f(z)}{\partial z_1^{\nu_1}\cdots\partial z_n^{\nu_n}}$$

当 $\nu_1+\cdots+\nu_n \leqslant \nu$ 时为零而当 $\nu_1+\cdots+\nu_n = \nu+1$ 时最少有一不为零 $(\nu = 0,1,2,\cdots)$ 者. 又命

$$E^* = \sum_{\nu=0}^{\infty} E_\nu^*, \quad E_\nu^* = TE_\nu.$$

如果 $a \in E_0$, 则 a 点适合

$$f(z) = 0,$$

而 $\left[\dfrac{\partial f(z)}{\partial z_\alpha}\right]_{z=a}$ $(\alpha = 1,\cdots,n)$ 中最少有一个不为零. 若 $\left[\dfrac{\partial f(z)}{\partial z_1}\right]_{z=a} \neq 0$, 则可解出

$$z_1 = \psi(z_2,\cdots,z_n),$$

其中 $\psi(z_2,\cdots,z_n)$ 在 P_{n-1}:

$$|z_2 - a_2| < \varepsilon,\cdots,|z_n - a_n| < \varepsilon$$

中解析, 而在 a 有一邻域 $U(a) = \{z_1 \in U_1(a_1),(z_2,\cdots,z_n) \in P_{n-1}\}$ 使得 E_0 在 $U(a)$ 的点能表为 $z_1 = \psi(z_2,\cdots,z_n),(z_2,\cdots,z_n) \in P_{n-1}$. 以之代入 T 的映照函数中, 我们得一映照 T_1:

$$\begin{aligned} w_1 &= \varphi_1(\psi(z_2,\cdots,z_n),z_2,\cdots,z_n), \\ &\vdots \\ w_m &= \varphi_m(\psi(z_2,\cdots,z_n),z_2,\cdots,z_n), \end{aligned}$$

把 P_{n-1} 一一地映入 $U^* = TU$ 中. 应用定理 1.6.4 可知, $g(w)$ 在 U^* 解析, 特别在 $a^* = Ta \in E_0^*$ 点解析. 同法可证 $g(w)$ 在 $E_1^*, E_2^*,\cdots$ 亦解析. 定理证明.

定理 1.6.6 设 $\varphi_1(z),\cdots,\varphi_n(z)$ 在有界域 D 解析. 若变换 T:

$$w_1 = \varphi_1(z),\cdots,w_n = \varphi_n(z)$$

把有界域 D 一一地映为一点集 D^*, 则变换 T 的函数行列式在 D 中的任一点皆不为零.

证 应用拓扑学熟知的定理①, T 必定是一拓扑映照, 而 D^* 是一域.

我们先证 T 的函数行列式不能恒等于零. 如若不然, 根据定理 1.6.2, 在 D 的一邻域 $U(a)$ 中有一函数关系

$$\psi(\varphi_1(z),\cdots,\varphi_n(z)) \equiv 0,$$

①此即 Brouwer 内点定理, 参阅Голузин [1], 第五章 §7, 251—260 页, 或Болтянский [1], I §1, 1—16 页.

而 $\psi(w_1,\cdots,w_n)$ 在 D^* 的一邻域 $V^*(a^*)$ $(a^*=Ta)$ 中解析但不恒等于零，并且 $V^*(a^*)\supset U^*(a^*)=TU(a)$. 于是最少有一 $\left(w_1^{(0)},\cdots,w_n^{(0)}\right)\in U^*(a^*)$, 使得 $\psi\left(w^{(0)}\right)\neq 0$, 即 $w^{(0)}$ 没有原象点, 矛盾. 因为 T 限制在 $U(a)$ 中仍是把 $U(a)$ 映为 $U^*(a^*)$ 的拓扑映照.

今设变换 T 的逆变换为

$$z_1=\psi_1(w),\cdots,z_n=\psi_n(w).$$

根据定理 1.3.2 知, 在域 D^* 中任一点 $a^*=Ta$, 如果

$$\left[\det\frac{\partial(\varphi_1,\cdots,\varphi_n)}{\partial(z_1,\cdots,z_n)}\right]_{z=a}\neq 0,$$

则 $\psi_j(w)$ $(j=1,\cdots,n)$ 在 a^* 点解析; 换言之, 每一 $\psi_j(w)$ 在域 D^* 中除了 D 中的点集

$$f(z)\equiv\det\frac{\partial(\varphi_1,\cdots,\varphi_n)}{\partial(z_1,\cdots,z_n)}=0$$

对变换 T 的象点集合外是解析的并且是有界的 (因为 D 是有界域). 因之根据定理 1.6.5, $\psi_j(w)$ 在整个域 D^* 解析. 故对任一点 $z\in D$ 有

$$\det\frac{\partial(\varphi_1,\cdots,\varphi_n)}{\partial(z_1,\cdots,z_n)}\det\frac{\partial(\psi_1,\cdots,\psi_n)}{\partial(w_1,\cdots,w_n)}=1.$$

由此知 $\det\dfrac{\partial(\varphi_1,\cdots,\varphi_n)}{\partial(z_1,\cdots,z_n)}$ 在 D 中恒不为零, 定理证明.

值得注意的是, 此定理在实变数时不能成立. 例如, 变换 $u=x^3$ 把线段 $-r<x<+r$ 一一地 (且拓扑地) 映为线段 $-r^3<u<+r^3$, 但

$$\left[\frac{du}{dx}\right]_{x=0}=0.$$

1.7　连续收敛

设 A 是 $\mathbb{C}^n$ 中的一有界点集, 即有一正数 M 使得任一点 $z\in A$ 适合

$$|z_1|^2+\cdots+|z_n|^2<M;$$

又设 $f^{(1)}(z),f^{(2)}(z),\cdots,f^{(k)}(z),\cdots$ 是一串在 A 定义的复值函数. 若 $z^{(0)}$ 是 A 的聚点, 对任一在 A 的收敛于 $z^{(0)}$ 的点串 $z^{(1)},z^{(2)},\cdots$, 数值串 $f^{(1)}(z^{(1)}),f^{(2)}(z^{(2)}),\cdots$ 皆收敛, 于是函数串 $\{f^{(k)}(z)\}$ 称为在 $z^{(0)}$ **连续收敛**. $f^{(k)}(z)$ 并未假定其为解析的, 甚至亦未假定其为连续, 而 $z^{(0)}$ 可以是也可以不是 A 的点. 显然, 连续收敛的极限

值 $\lim\limits_{k\to\infty} f^{(k)}(z^{(k)})$ 与收敛点串 $\{z^{(k)}\}$ 的选择无关. 此外, 如果 $\{f^{(k)}(z)\}$ 在 $z^{(0)}$ 点连续收敛, 则其任一子串亦在 $z^{(0)}$ 连续收敛.

定理 1.7.1 设 $\left\{f_1^{(k)}(z)\right\},\cdots,\left\{f_l^{(k)}(z)\right\}$ 为一组在 A 定义的函数串而在 $z^{(0)}$ 点连续收敛者, 它们的极限值分别为 $w_1^{(0)},\cdots,w_l^{(0)}$. 又设 z 在 A 变化时, 函数值 $w_1=f_1^{(k)}(z),\cdots,w_l=f_l^{(k)}(z)$ 的集合, 包含于 l 个复变数 $w=(w_1,\cdots,w_l)$ 的空间 $\mathbb{C}^l$ 的一有界点集 B 内 (对所有 k 皆然), 并且 $w^{(0)}=(w_1^{(0)},\cdots,w_l^{(0)})$ 是 B 的聚点. 若 $\{\varphi^{(k)}(w)\}$ 是在 B 定义的在 $w^{(0)}$ 连续收敛的函数串, 则函数串

$$F^{(k)}(z)=\varphi^{(k)}\left(f_1^{(k)}(z),\cdots,f_l^{(k)}(z)\right),\quad k=1,2,\cdots$$

在 $z^{(0)}$ 连续收敛.

证 设 $z^{(1)},z^{(2)},\cdots$ 为任一在 A 中收敛于 $z^{(0)}$ 的点串. 命 $w^{(k)}=\left(w_1^{(k)},\cdots,w_l^{(k)}\right), w_j^{(k)}=f_j^{(k)}\left(z^{(k)}\right)\ (j=1,\cdots,l)$, 由假设知 $w^{(k)}$ 在 B 中. 由于 $f_j^{(k)}\left(z^{(k)}\right)$ 收敛于 $w_j^{(0)}\ (j=1,\cdots,l)$, 故 $w^{(k)}$ 收敛于 $w^{(0)}$, 而 $w^{(0)}$ 是 B 的聚点, 故极限

$$\lim_{k\to\infty}F^{(k)}\left(z^{(k)}\right)=\lim_{k\to\infty}\varphi^{(k)}\left(w_1^{(k)},\cdots,w_l^{(k)}\right)$$

存在, 即 $\{F^{(k)}(z)\}$ 在 $z^{(0)}$ 连续收敛. 定理证明.

在 $\mathbb{C}^n$ 中, 以 $z^{(0)}$ 点为中心, 以正数 r 为半径的超球即开集 $S\left(z^{(0)},r\right)$:

$$\left|z_1-z_1^{(0)}\right|^2+\cdots+\left|z_n-z_n^{(0)}\right|^2<r^2.$$

设 $\{f^{(k)}(z)\}$ 是在点集 A 定义的函数串, $z^{(0)}$ 是 A 的聚点, $S\left(z^{(0)},\dfrac{1}{m}\right)(m=1,2,\cdots)$ 是一串超球. 命

$$S_{mk}=\sup_{z^{(1)},z^{(2)}\in A\cap S\left(z^{(0)},\frac{1}{m}\right)}\left|f^{(k)}\left(z^{(1)}\right)-f^{(k)}\left(z^{(2)}\right)\right| \tag{1.7.1}$$

及

$$\sigma_m=\overline{\lim_{k\to\infty}}S_{mk}. \tag{1.7.2}$$

由于 $S\left(z^{(0)},\dfrac{1}{m}\right)\supset S\left(z^{(0)},\dfrac{1}{m+1}\right)$, 故

$$S_{mk}\geqslant S_{m+1,k},$$

因此

$$\sigma_m\geqslant\sigma_{m+1},$$

于是有极限

$$\sigma\left(z^{(0)}\right)=\lim_{m\to\infty}\sigma_m. \tag{1.7.3}$$

$\sigma\left(z^{(0)}\right)$ 称为函数串 $\left\{f^{(k)}(z)\right\}$ 在 $z^{(0)}$ 的极限摆幅.

定理 1.7.2 设函数串 $\left\{f^{(k)}(z)\right\}$ 在点集 A 定义, $z^{(0)}$ 是 A 的聚点且属于 A. 此函数串在 $z^{(0)}$ 连续收敛的充要条件为 $\sigma\left(z^{(0)}\right)=0$ 及存在极限值 $\lim\limits_{k\to\infty} f^{(k)}\left(z^{(0)}\right)$.

证 (i) 必要条件. 若函数串 $\left\{f^{(k)}(z)\right\}$ 在 $z^{(0)}$ 连续收敛, 我们取点串 $z^{(0)}$, $z^{(0)},\cdots$, 便知极限值 $\lim\limits_{k\to\infty} f^{(k)}\left(z^{(0)}\right)$ 存在.

现证若 $\sigma\left(z^{(0)}\right)>0$, 则 $\left\{f^{(k)}(z)\right\}$ 不能在 $z^{(0)}$ 连续收敛.

由 (1.7.2) 的定义知, 必有正整数 k_m 使

$$S_{mk_m}>\frac{\sigma_m}{2}\geqslant\frac{\sigma(z^{(0)})}{2}.$$

取 $k_1<k_2<\cdots$. 由 (1.7.1) 知必存在一对点

$$a^{(m)},b^{(m)}\in A\cap S\left(z^{(0)},\frac{1}{m}\right),$$

使

$$\left|f^{(k_m)}(a^{(m)})-f^{(k_m)}(b^{(m)})\right|>\frac{\sigma(z^{(0)})}{2}. \tag{1.7.4}$$

易见有

$$\lim_{m\to\infty}a^{(m)}=\lim_{m\to\infty}b^{(m)}=z^{(0)}.$$

若

$$\left\{f^{(k_m)}\left(a^{(m)}\right)\right\}\text{与}\left\{f^{(k_m)}\left(b^{(m)}\right)\right\}$$

有一不收敛, 则 $\left\{f^{(k)}\left(z^{(0)}\right)\right\}$ 在 $z^{(0)}$ 非连续收敛. 若两者皆收敛, 则由 (1.7.4) 知, 它们的极限值不相等, 故函数串亦非在 $z^{(0)}$ 连续收敛. 这与假设矛盾, 故必须 $\sigma\left(z^{(0)}\right)=0$.

(ii) 充分条件. 如果 $\sigma\left(z^{(0)}\right)=0$, 则任与 $\varepsilon>0$, 由 (1.7.3) 知, 必存在一正整数 m_0, 当 $m\geqslant m_0$ 时

$$\sigma_m<\frac{\varepsilon}{6}.$$

现在把 m 固定. 由假设知必有一正数 k_1, 当 $p\geqslant k_1,q\geqslant k_1$ 时

$$\left|f^{(p)}\left(z^{(0)}\right)-f^{(q)}\left(z^{(0)}\right)\right|<\frac{\varepsilon}{3}. \tag{1.7.5}$$

由 (1.7.2) 知, 有正整数 k_2, 当 $k\geqslant k_2$ 时

$$S_{mk}<\sigma_m+\frac{\varepsilon}{6}<\frac{\varepsilon}{3}.$$

任取 A 中一收敛点串 $z^{(k)}\to z^{(0)}$, 则有一正整数 k_3, 当 $k\geqslant k_3$ 时, $z^{(k)}$ 在 $A\cap S\left(z^{(0)},\dfrac{1}{m}\right)$ 中.

现取 $p,q \geqslant \max\{k_1,k_2,k_3\}$, 则

$$\begin{aligned}\left|f^{(p)}\left(z^{(p)}\right)-f^{(q)}\left(z^{(q)}\right)\right| &\leqslant \left|f^{(p)}\left(z^{(p)}\right)-f^{(p)}\left(z^{(0)}\right)\right| \\ &+\left|f^{(p)}\left(z^{(0)}\right)-f^{(q)}\left(z^{(0)}\right)\right|+\left|f^{(q)}\left(z^{(0)}\right)-f^{(q)}\left(z^{(q)}\right)\right|<\varepsilon.\end{aligned}$$

此乃表示 $\{f^{(k)}(z)\}$ 在 $z^{(0)}$ 连续收敛. 定理证明.

由此定理立得

定理 1.7.3 如果函数串 $\{f^{(k)}(z)\}$ 在 A 的聚点 $z^{(0)}$ 有 $\sigma(z^{(0)})=0$, 且在 $z^{(0)}$ 的任一邻域中必有一 A 的点使 $f^{(k)}(z)$ 收敛, 则此函数串在 $z^{(0)}$ 连续收敛.

实际上, 在前一定理的证明的第 (ii) 部分中, 从 (1.7.5) 开始把 $z^{(0)}$ 点改换为使 $f^{(k)}(z)$ 收敛的 $A\cap S\left(z^{(0)},\dfrac{1}{m}\right)$ 中的点, 则以后的推论仍然正确.

由此可见, 若 $\{f^{(k)}(z)\}$ 在 A 的一子集 B_1 收敛, 其极限函数为

$$f(z)=\lim_{k\to\infty}f^{(k)}(z),\quad z\in B_1;$$

此外, 若 B_2 为 B_1 的一些聚点所成的点集, 且当 $z^{(0)}\in B_2$ 时 $\sigma\left(z^{(0)}\right)=0$, 则 $\{f^{(k)}(z)\}$ 在 B_2 的点连续收敛, 而 $f(z)$ 的定义区域可推广到 $B=B_1+B_2$, 并且可导出下面的定理.

定理 1.7.4 在上面的假设下, $f(z)$ 在 B_2 上连续.

证 (i) 如果 $\{z^{(k)}\}$ 为 B_1 中的点串收敛于 $z^{(0)}\in B_2$ 者. 由假设知, 对任一 $z^{(m)}$, 有一正整数 K_m, 当 $k_m>K_m$ 时,

$$\left|f^{(k_m)}\left(z^{(m)}\right)-f(z^{(m)})\right|<\frac{1}{m}. \tag{1.7.6}$$

取 $k_1<k_2<\cdots$. 由于 $\{f^{(k)}(z)\}$ 在 B_2 连续收敛 (定理 1.7.3), 故其子串 $\{f^{(k_m)}(z)\}$ 亦然, 因此

$$\lim_{m\to\infty}\left|f^{(k_m)}\left(z^{(m)}\right)-f\left(z^{(0)}\right)\right|=0.$$

由此得

$$\begin{aligned}\left|f\left(z^{(m)}\right)-f\left(z^{(0)}\right)\right| &\leqslant \left|f\left(z^{(m)}\right)-f^{(k_m)}(z^{(m)})\right|+\left|f^{(k_m)}\left(z^{(m)}\right)-f\left(z^{(0)}\right)\right| \\ &<\frac{1}{m}+\left|f^{(k_m)}\left(z^{(m)}\right)-f\left(z^{(0)}\right)\right|,\end{aligned}$$

故有

$$\lim_{m\to\infty}\left|f\left(z^{(m)}\right)-f\left(z^{(0)}\right)\right|=0.$$

(ii) 如果 $\{a^{(m)}\}$ 为 B_2 中的点串收敛于 $z^0\in B_2$ 者. 我们可在 A 中找一点串 $b^{(1)},b^{(2)},\cdots$ 及一串自然数 $k_1<k_2<\cdots$, 使得对每一点 $a^{(m)}$ 有

$$\left|f^{(k_m)}\left(b^{(m)}\right)-f\left(a^{(m)}\right)\right|<\frac{1}{m},\quad b^{(m)}\in S\left(a^{(m)},\frac{1}{m}\right). \tag{1.7.7}$$

后者包含了 $b^{(m)} \to z^{(0)}$.

由

$$\begin{aligned}
&\left|f\left(a^{(m)}\right)-f\left(z^{(0)}\right)\right| \\
\leqslant&\left|f\left(a^{(m)}\right)-f^{(k_m)}\left(b^{(m)}\right)\right|+\left|f^{(k_m)}\left(b^{(m)}\right)-f\left(z^{(0)}\right)\right| \\
<&\frac{1}{m}+\left|f^{(k_m)}\left(b^{(m)}\right)-f\left(z^{(0)}\right)\right|
\end{aligned}$$

知

$$\lim_{m\to\infty}\left|f\left(a^{(m)}\right)-f\left(z^{(0)}\right)\right|=0.$$

(iii) 如果 $\{c^{(m)}\}$ 为 B 中任一点串收敛于 $z^{(0)} \in B_2$ 者. 我们不再讨论 $\{c^{(m)}\}$ 只有有限个 B_1 的或有限个 B_2 的点的情形, 而假定 $\{c^{(m)}\}$ 可分为两个无穷的子串 $\{c^{(k_j)}\}$ (在 B_1 中) 及 $\{c^{(l_j)}\}$ (在 B_2 中). 任与 $\varepsilon>0$, 由 (i) 与 (ii) 知, 必有 k_j 与 l_j 充分大, 使得

$$\left|f\left(c^{(k_j)}\right)-f\left(z^{(0)}\right)\right|<\varepsilon, \quad \left|f\left(c^{(l_j)}\right)-f\left(z^{(0)}\right)\right|<\varepsilon.$$

因之当 m 充分大时, 恒有

$$\left|f\left(c^{(m)}\right)-f\left(z^{(0)}\right)\right|<\varepsilon.$$

此乃表示 $f(z)$ 在 B_2 连续. 定理证明.

定理 1.7.5　如果 $\{f^{(k)}(z)\}$ 在一紧致点集 $\overline{D}$ 为连续收敛, 并且 $\overline{D}$ 的每一点都是 $\overline{D}$ 的聚点, 则在 $\overline{D}$ 一致收敛为一连续函数; 反之亦然.

证　(i) 若 $\{f^{(k)}(z)\}$ 在 $\overline{D}$ 连续收敛, 则可命

$$f(z)=\lim_{k\to\infty}f^{(k)}(z), \quad z\in\overline{D}.$$

根据定理 1.7.4, 这是在 $\overline{D}$ 连续的函数.

假定此函数串非在 $\overline{D}$ 一致收敛, 则任与 $\varepsilon>0$, 必有一点串 $z^{(m)}\in\overline{D}$ 及一串自然数 $k_1<k_2<\cdots$, 使得

$$\left|f^{(k_m)}\left(z^{(m)}\right)-f\left(z^{(m)}\right)\right|>\varepsilon. \tag{1.7.8}$$

由于 $\overline{D}$ 是紧致的, 我们不妨假定 $z^{(m)}$ 收敛为一点 $z^{(0)}\in\overline{D}$, 否则可选取 $\{z^{(m)}\}$ 的一收敛子串代替 $\{z^{(m)}\}$. 由连续收敛及 $f(z)$ 的连续性知, 当 m 充分大时

$$\begin{aligned}
&\left|f^{(k_m)}\left(z^{(m)}\right)-f\left(z^{(m)}\right)\right| \\
\leqslant&\left|f^{(k_m)}\left(z^{(m)}\right)-f\left(z^{(0)}\right)\right|
\end{aligned}$$

$$+\left|f\left(z^{(m)}\right)-f\left(z^{(0)}\right)\right|<\varepsilon,$$

矛盾. 故 $\left\{f^{(k)}(z)\right\}$ 在 $\overline{D}$ 一致收敛.

(ii) 如果 $\left\{f^{(k)}(z)\right\}$ 在 $\overline{D}$ 一致收敛为一连续函数 $f(z)$, 则任与 $\varepsilon>0$ 及 $\overline{D}$ 的一点 $z^{(0)}$, 必有一邻域 $S\left(z^{(0)}, r_{\varepsilon}\right)$ 使得

$$\sup_{a,b\in\overline{D}\cap S\left(z^{(0)}, r_{\varepsilon}\right)}|f(a)-f(b)|<\frac{\varepsilon}{3}.$$

又取 k 充分大, 使得

$$\left|f^{(k)}(z)-f(z)\right|<\frac{\varepsilon}{3},\quad \text{对任一 } z\in\overline{D}.$$

如果可取 m 与 k 充分大, 当 $a,b\in\overline{D}\cap S\left(z^{(0)},\dfrac{1}{m}\right)$ 时, 有

$$\begin{aligned}S_{mk}=&\sup\left|f^{(k)}(a)-f^{(k)}(b)\right|\\ \leqslant&\sup\left|f^{k}(a)-f(a)\right|+\sup|f(a)-f(b)|\\ &+\sup\left|f(b)-f^{(k)}(b)\right|<\varepsilon.\end{aligned}$$

由此可见 $\sigma\left(z^{(0)}\right)=0$. 根据定理 1.7.2 知, $\left|f^{(k)}(z)\right|$ 在 $z^{(0)}$ 连续收敛. 定理证明.

一函数族 $\left\{f^{(\lambda)}(z)\right\}_{\lambda\in J}$ (J 是一可数或不可数的指标集合) 在点集 A 定义. 我们称它为在 A 局部一致有界, 如果对任一点 $a\in A$, 必有一 a 的邻域 $S(a,r)$ 及一正数 M (r, M 可以与 a 有关), 使得在 $A\cap S(a,r)$ 中

$$\left|f^{(\lambda)}(z)\right|<M,\quad \text{对所有 } \lambda\in J.$$

定理 1.7.6 如果函数串 $\left\{f^{(k)}(z)\right\}$ 在一域 D 局部一致有界, 并且对每一点 $z^{(0)}\in D$ 有 $\sigma\left(z^{(0)}\right)=0$, 则必存在一子串 $\left\{f^{(k_m)}(z)\right\}$ 在 D 连续收敛.

证 我们用所谓 Cantor 对角线方法. 在 D 中取一可数的到处稠密的点集 $\left\{z^{(k)}\right\}$. 在下表

$$\begin{array}{c}f^{(1)}\left(z^{(1)}\right), f^{(2)}\left(z^{(1)}\right), \cdots, f^{(k)}\left(z^{(1)}\right), \cdots\\ f^{(1)}\left(z^{(2)}\right), f^{(2)}\left(z^{(2)}\right), \cdots, f^{(k)}\left(z^{(2)}\right), \cdots\\ \vdots\\ f^{(1)}\left(z^{(k)}\right), f^{(2)}\left(z^{(k)}\right), \cdots, f^{(k)}\left(z^{(k)}\right), \cdots\\ \vdots\end{array}$$

中第一行的元素是有界的, 可取一收敛于 $f\left(z^{(1)}\right)$ 的子串

$$f^{(j_{11})}\left(z^{(1)}\right), f^{(j_{12})}\left(z^{(1)}\right), \cdots, f^{(j_{1k})}\left(z^{(1)}\right), \cdots,$$

然后在第二行的子串

$$f^{(j_{11})}\left(z^{(2)}\right), f^{(j_{12})}\left(z^{(2)}\right), \cdots, f^{(j_{1k})}\left(z^{(2)}\right), \cdots,$$

中取一收敛于 $f\left(z^{(2)}\right)$ 的子串

$$f^{(j_{22})}\left(z^{(2)}\right), f^{(j_{23})}\left(z^{(2)}\right), \cdots, f^{(j_{2k})}\left(z^{(2)}\right), \cdots,$$

如此继续, 可得一在点集 $\left\{z^{(k)}\right\}$ 收敛的函数串

$$f^{(j_{11})}(z), f^{(j_{22})}(z), \cdots, f^{(j_{kk})}(z), \cdots.$$

$\left\{z^{(k)}\right\}$ 在 D 中稠密. 由定理 1.7.3 知, 函数串 $\left\{f^{(j_{kk})}(z)\right\}$ 在 D 连续收敛. 定理证明.

1.8　多复变数函数的正规族

在域 D 解析的函数族 $\left\{f^{(\lambda)}(z)\right\}_{\lambda\in J}$ 称为 D 的正规族, 若此族的任一函数串 $\left\{f^{(k)}(z)\right\}_{k=1,2,\cdots}$ 必包含一子串 $f^{(k_1)}(z), f^{(k_2)}(z), \cdots$, 此子串在 D 的每一点皆连续收敛①.

定理 1.8.1 (超球的 Schwarz 引理). 若有在闭超球 $\overline{S}$:

$$|z_1|^2+\cdots+|z_n|^2 \leqslant r^2$$

解析的函数 $f(z)$ 适合 $f(0)=0$, 则对任一 $\overline{S}$ 中的点 z, 恒有

$$|f(z)| \leqslant \frac{\rho M}{r},$$

其中, M 为 $f(z)$ 在 $\overline{S}$ 的高界, $\rho=\sqrt{|z_1|^2+\cdots+|z_n|^2}$.

证　作函数

$$G(z,t)=f(z_1t,\cdots,z_nt),\quad z\in\overline{S}.$$

此函数在 $|t|\leqslant 1$ 中是参数 t 的解析函数, 并且 $G(z,0)=0, |G(z,t)|\leqslant M$. 任一点 z 适合 $\sum\limits_{\alpha=1}^{m}|z_\alpha|^2=\rho^2$, 必有一组复数 $\zeta_1,\cdots,\zeta_n$ 及一参数 t 适合 $\sum\limits_{\alpha=1}^{n}|\zeta_\alpha|^2=r^2$ 及 $|t|=\dfrac{\rho}{r}\ (\leqslant 1)$, 使得

$$z_1=\zeta_1t,\cdots,z_n=\zeta_nt.$$

应用单复变数函数论的 Schwarz 引理,

$$|f(z)|=|G(\zeta,t)|\leqslant M|t|=\frac{\rho M}{r}.$$

①这里正规族的定义比单复变数函数论中通常的定义稍为狭窄一些, 但对本书以后的应用是足够的了.

定理证明.

定理 1.8.2 如果在域 D 解析的函数族 $\left\{f^{(\lambda)}(z)\right\}_{\lambda\in J}$ 在 D 中局部一致有界, 则对此族的任一函数串 $\left\{f^{(k)}(z)\right\}_{k=1,2,\cdots}$ 及任一点 $z^{(0)}\in D$ 恒有 $\sigma\left(z^{(0)}\right)=0$, 因而 $\left\{f^{(\lambda)}(z)\right\}$ 是正规族.

证 设 $z^{(0)}\in D$. 由假设知, 我们有一充分小之超球 $S(z^{(0)},r)$, 其闭包仍包含于 D 中者, 使得所与函数串 $\left\{f^{(k)}(z)\right\}$ 的任一函数皆适合

$$\left|f^{(k)}(z)-f^{(k)}\left(z^{(0)}\right)\right|\leqslant M,\quad 当\ z\in S(z^{(0)},r).$$

命 $g^{(k)}(z)=f^{(k)}(z)-f^{(k)}\left(z^{(0)}\right)$. 我们取正整数 m 充分大, 使 $\frac{1}{m}<r$. 应用定理 1.8.1, 可知

$$\left|g^{(k)}(z)\right|\leqslant\frac{M}{mr},\quad 当\ z\in\overline{S}\left(z^{(0)},\frac{1}{m}\right).$$

此乃表示

$$S_{mk}=\sup_{a,b\in s\left(z^{(0)},\frac{1}{m}\right)}\left|f^{(k)}(a)-f^{(k)}(b)\right|\leqslant\frac{2M}{mr},$$

因而

$$\sigma_m=\overline{\lim_{k\to\infty}}S_{mk}\leqslant\frac{2M}{mr},$$

由此得

$$\sigma\left(z^{(0)}\right)=\lim_{m\to\infty}\sigma_m=0.$$

根据定理 1.7.6 知, 存在 $\left\{f^{(k)}(z)\right\}$ 的子串在 D 连续收敛, 因之 $\left\{f^{(\lambda)}(z)\right\}$ 是 D 的正规族. 定理证明.

定理 1.8.3 若在 D 解析的函数族 $\left\{f^{(\lambda)}(z)\right\}$ 在 D 中局部一致有界, 则 $\left\{\frac{\partial f^{(\lambda)}(z)}{\partial z_j}\right\}(j=1,2,\cdots,n)$ 亦在 D 局部一致有界, 因之是正规族.

证 设 $z^{(0)}\in D$. 取闭多圆柱 $\overline{P}\left(z^{(0)},r\right)\subset D, r=(r_1,\cdots,r_n)$, 使得有一正数 M, 对所有的 λ, 皆有

$$\left|f^{(\lambda)}(z)\right|\leqslant M,\quad 当\ z\in\overline{P}(z^{(0)},r).$$

应用 Cauchy 公式可知, 当 $z\in P(z^{(0)},r)$ 时

$$\frac{\partial f^{(\lambda)}(z)}{\partial z_j}=\frac{1}{(2\pi i)^n}\int_{\left|\zeta_1-z_1^{(0)}\right|=r_1}\cdots\int_{\left|\zeta_n-z_n^{(0)}\right|=r_n}\frac{f(\zeta)d\zeta_1\cdots d\zeta_n}{(\zeta_1-z_1)\cdots(\zeta_j-z_j)^2\cdots(\zeta_n-z_n)}.$$

取一组正数 $\delta_j<r_j\ (j=1,\cdots,n)$, 当 $z\in P\left(z^{(0)},\delta\right)$ 时, 由上式可得出估值

$$\left|\frac{\partial f^{(\lambda)}(z)}{\partial z_j}\right|\leqslant\frac{Mr_1\cdots r_n}{(r_1-\delta_1)\cdots(r_j-\delta_j)^2\cdots(r_n-\delta_n)},$$

故 $\left\{\dfrac{\partial f^{(\lambda)}(z)}{\partial z_j}\right\}$ 局部一致有界. 定理证明.

定理 1.8.4　任一在 D 解析的函数串 $\{f^{(k)}(z)\}$ 若在 D 中局部一致有界并且在 D 收敛, 则必收敛于一在 D 解析的函数 $f(z)$, 并且 $\dfrac{\partial f(z)}{\partial z_j}=\lim\limits_{k\to\infty}\dfrac{\partial f^{(k)}(z)}{\partial z_j}$.

证　根据定理 1.8.2 知, 当 $z\in D$ 恒有 $\sigma(z)=0$. 若命

$$f(z)=\lim_{k\to\infty}f^{(k)}(z),$$

则根据定理 1.7.4 知, $f(z)$ 在 D 连续.

若 $z^{(0)}$ 为 D 中的任一点, 可命

$$\varphi^{(k)}(z_j)=\frac{f^{(k)}\left(z^{(0)}\right)-f^{(k)}\left(z_1^{(0)},\cdots,z_{j-1}^{(0)},z_j,z_{j+1}^{(0)},\cdots,z_n^{(0)}\right)}{z_j^{(0)}-z_j},$$

则 $\varphi^{(k)}\left(z_j^{(0)}\right)=\left[\dfrac{\partial f^{(k)}(z)}{\partial z_j}\right]_{z=z^{(0)}}$.

由于 $\{f^{(k)}(z)\}$ 局部一致有界, 我们有充分小之正数 ε, 使得 $\left|z_j-z_j^{(0)}\right|\leqslant\varepsilon$ 时,

$$\left|f^{(k)}\left(z_1^{(0)},\cdots,z_{j-1}^{(0)},z_j,z_j^{(0)},\cdots,z_n^{(0)}\right)\right|\leqslant M.$$

应用极大模原理,

$$\begin{aligned}\left|\varphi^{(k)}(z_j)\right|&\leqslant\sup_{\left|\zeta_j-z_j^{(0)}\right|=\varepsilon}\left|\frac{f^{(k)}\left(z^{(0)}\right)-f^{(k)}\left(z_1^{(0)},\cdots,\zeta_j,\cdots,z_n^{(0)}\right)}{z_j^{(0)}-\zeta_j}\right|\\&\leqslant\frac{2M}{\varepsilon}.\end{aligned}$$

此乃表示 $\varphi^{(k)}(z_j)$ 在 $\left|z_j-z_j^{(0)}\right|\leqslant\varepsilon$ 解析并一致有界, 因之

$$\varphi(z_j)=\lim_{k\to\infty}\varphi^{(k)}(z_j)=\frac{f\left(z^{(0)}\right)-f\left(z_1^{(0)},\cdots,z_j,\cdots,z_n^{(0)}\right)}{z_j^{(0)}-z_j}$$

是在圆中连续的函数, 故有

$$\begin{aligned}\varphi\left(z_j^{(0)}\right)&=\lim_{z_j\to z_j^{(0)}}\frac{f\left(z^{(0)}\right)-f\left(z_1^{(0)},\cdots,z_j,\cdots,z_n^{(0)}\right)}{z_j^{(0)}-z_j}\\&=\lim_{k\to\infty}\varphi^{(k)}\left(z_j^{(0)}\right)=\lim_{k\to\infty}\left[\frac{\partial f^{(k)}(z)}{\partial z_j}\right]_{z=z^{(0)}}.\end{aligned}$$

此乃表示 $f(z)$ 之偏导数存在且等于 $\lim\limits_{k\to\infty}\dfrac{\partial f^{(k)}(z)}{\partial z_j}$. 定理证明.

由此定理易知

定理 1.8.5 若在 D 解析的函数串 $\{f^{(k)}(z)\}$ 在 D 中的任一紧致子集一致收敛, 则收敛于一在 D 解析的函数 $f(z)$, 并且

$$\frac{\partial f(z)}{\partial z_j}=\lim_{k\to\infty}\frac{\partial f^{(k)}(z)}{\partial z_j};$$

亦即在 D 解析的函数串 $\{f^{(k)}(z)\}$, 若在 D 连续收敛, 则收敛为一在 D 解析的函数串, 并且 $\dfrac{\partial f(z)}{\partial z_j}=\lim\limits_{k\to\infty}\dfrac{\partial f^{(k)}(z)}{\partial z_j}$.

因为在任一紧致子集一致收敛的连续函数串 $\{f^{(k)}(z)\}$ 必定是局部一致有界的, 从定理 1.7.5 知, 紧致集的一致收敛与连续收敛是等价的.

定理 1.8.6 设在 D 解析的函数串 $\{f^{(k)}(z)\}_{k=1,2,\cdots}$ 在 D 局部一致有界. 若在 D 中有一非空开集, 在其中函数串收敛, 则必在整个域 D 收敛.

我们先证

定理 1.8.7 域 D 的正规族 $\{f^{(k)}(z)\}_{k=1,2,\cdots}$ 在 D 收敛的充要条件为: 凡 $\{f^{(k)}(z)\}$ 的在 D 收敛的子串皆收敛于同一的极限函数.

证 条件显然是必要的, 现证其为充分的.

假定 $\{f^{(k)}(z)\}$ 在 D 中一点 $z^{(0)}$ 不收敛. 命

$$\alpha=\overline{\lim_{k\to\infty}}f^{(k)}\left(z^{(0)}\right),\quad \beta=\underline{\lim_{k\to\infty}}f^{(k)}\left(z^{(0)}\right),$$

则必定 $\alpha\neq\beta$. 我们可选取两子串使得

$$\lim_{j\to\infty}f^{(p_j)}\left(z^{(0)}\right)=\alpha,\quad \lim_{j\to\infty}f^{(q_j)}\left(z^{(0)}\right)=\beta.$$

不妨假定 $\{f^{(p_j)}(z)\}$ 与 $\{f^{(q_j)}(z)\}$ 在整个域 D 收敛, 否则根据正规族的定义, 我们可分别选取它们的子串使之如此.

但由假设知

$$\lim_{j\to\infty}f^{(p_j)}(z)=\lim_{j\to\infty}f^{(q_j)}(z),$$

矛盾. 由此得定理.

现证定理 1.8.6. 命 $\{f^{(p_j)}(z)\}$ 与 $\{f^{(q_j)}(z)\}$ 为已与函数串的任意两个在 D 收敛的子串; 又命

$$f(z)=\lim_{j\to\infty}f^{(p_j)}(z),\quad g(z)=\lim_{j\to\infty}f^{(q_j)}(z).$$

由定理 1.8.4 知, $f(z)$ 与 $g(z)$ 在 D 解析, 因此函数 $h(z)=f(z)-g(z)$ 亦然. 但根据定理之假设, 在 D 中有一非空的开集, 在其中 $h(z)=0$, 因此在整个域 D 中 $h(z)\equiv 0$. 由定理 1.8.7 知 $\{f^{(k)}(z)\}$ 在 D 收敛. 这就证明了定理 1.8.6.

定理 1.8.8　若在 D 解析的函数串 $\{f^{(k)}(z)\}$ 的每一个函数在 D 皆不取零值, 并且此函数串在 D 连续收敛, 则其极限函数 $f(z)$ 在 D 中或者恒等于零, 或者在 D 不取零值.

证　当 $n=1$, 此即单复变数正规族理论中的 Hurwitz 定理. 在 n 个复变数的一般情形, 此定理可利用单复变数的 Hurwitz 定理证明之如下:

如果 $f(z)$ 是常数, 则定理是显然的. 现设 $f(z)$ 非常数, 则对任一点 $z^{(0)}\in D$, 最少有一组不全为零的常数 $\alpha_1,\cdots,\alpha_n$, 使得函数

$$\psi(t)=f\left(z_1^{(0)}+\alpha_1 t,\cdots,z_n^{(0)}+\alpha_n t\right),\quad |t|<1$$

不恒等于零, 并且所有的 $\left(z_1^{(0)}+\alpha_1 t,\cdots,z_n^{(0)}+\alpha_n t\right)$ 点 ($|t|<1$) 包含在域 D 之内.

命

$$\psi^{(k)}(t)=f^{(k)}\left(z_1^{(0)}+\alpha_1 t,\cdots,z_n^{(0)}+\alpha_n t\right).$$

显然此函数串在 $|t|<1$ 连续收敛, 且在 $|t|<1$ 不取零值. 应用单复变数的 Hurwitz 定理知

$$f\left(z^{(0)}\right)=\psi(0)\neq 0.$$

定理证明.

第 2 章　正交系与核函数

2.1　绝对值平方可积的解析函数

命 $\mathfrak{L}^2(D)$ 表所有在一有界域 D 解析的并且其绝对值平方可积的函数 $f(z)$, 即

$$\int_D |f(z)|^2 \dot{z} < \infty,$$

其中 $\dot{z}$ 表欧氏体积元素, 即 $\dot{z} = dx_1 dy_1 dx_2 dy_2 \cdots dx_n dy_n$, $z_\alpha = x_\alpha + iy_\alpha$ $(\alpha = 1, \cdots, n)$, x_α 与 y_α 为实变数.

两函数 $f(z)$, $g(z) \in \mathfrak{L}^2(D)$ 称为正交的, 若

$$\int_D f(z)\overline{g(z)}\dot{z} = 0.$$

函数串 $\{\varphi_k(z)\}_{k=1,2,\cdots}$ 称为 $\mathfrak{L}^2(D)$ 的正交就范函数系[1], 若每一 $\varphi_k(z) \in \mathfrak{L}^2(D)$, 且

$$\int_D \varphi_k(z)\overline{\varphi_l(z)}\dot{z} = \delta_{kl},$$

其中

$$\delta_{kl} = \begin{cases} 0, & \text{如 } k \neq l; \\ 1, & \text{如 } k = l. \end{cases} \tag{2.1.1}$$

定理 2.1.1　设 $\{\varphi_k(z)\}$ 为 $\mathfrak{L}^2(z)$ 的一正交就范函数系, $f(z) \in \mathfrak{L}^2(D)$, $a_k = \int_D f(z)\overline{\varphi_k(z)}\dot{z}\,(k = 1, 2, \cdots)$, 则

$$\sum_{k=1}^{\infty} |a_k|^2 \leqslant \int_D |f(z)|^2 \dot{z}. \qquad \text{(Bessel 不等式)}$$

证　因为

$$0 \leqslant \int_D \left| f(z) - \sum_{k=1}^{N} a_k \varphi_k(z) \right|^2 \dot{z}$$
$$= \int_D |f(z)|^2 \dot{z} - \sum_{k=1}^{N} |a_k|^2,$$

[1] 现译为 “规范正交系 (orthonormal function system)”. —— 校者注

故

$$\sum_{k=1}^{N}|a_k|^2 \leqslant \int_D |f(z)|^2 \dot{z},$$

对任一自然数 N 皆然. 命 $N\to\infty$, 即得定理.

定理 2.1.2　若 $f(z)$ 在闭多圆柱 $\overline{P}(a,r)$:

$$|z_1-a_1|\leqslant r_1,\cdots,|z_n-a_n|\leqslant r_n$$

解析, 则

$$\int_{P(a,r)}|f(z)|^2\dot{z}=|f(a)|^2\int_{P(a,r)}\dot{z}+\sum_{\alpha=1}^{n}\left|\frac{\partial f}{\partial z_\alpha}\right|_{z=a}^2\int_{P(a,r)}|z_\alpha-a_\alpha|^2\dot{z}$$
$$+\frac{1}{4}\sum_{\alpha,\beta=1}^{n}\left|\frac{\partial^2 f}{\partial z_\alpha\partial z_\beta}\right|_{z=a}^2\int_{P(a,r)}|(z_\alpha-a_\alpha)(z_\beta-a_\beta)|^2\dot{z}+\cdots.$$

证　由第 1.1 节知, $f(z)$ 在 $\overline{P}(a,r)$ 可展为幂级数

$$f(z)=f(a)+\sum_{\alpha=1}^{n}\left(\frac{\partial f}{\partial z_\alpha}\right)_{z=a}(z_\alpha-a_\alpha)$$
$$+\frac{1}{2}\sum_{\alpha,\beta=1}^{n}\left(\frac{\partial^2 f}{\partial z_\alpha\partial z_\beta}\right)_{z=a}(z_\alpha-a_\alpha)(z_\beta-a_\beta)+\cdots,$$

并且在 $\overline{P}(a,r)$ 一致收敛.

命 $z_k-a_k=\rho_k e^{i\theta_k}$, $k_1,\cdots,k_n,m_1,\cdots,m_n$ 为非负整数, 则易见

$$\int_{P(a,r)}(z_1-a_1)^{k_1}\cdots(z_n-a_n)^{k_n}(\overline{z}_1-\overline{a}_1)^{m_1}\cdots(\overline{z}_n-\overline{a}_n)^{m_n}\dot{z}$$
$$=\int_0^{r_1}\cdots\int_0^{r_n}\rho_1^{k_1+m_1+1}\cdots\rho_n^{k_n+m_n+1}d\rho_1\cdots d\rho_n\int_0^{2\pi}e^{i(k_1-m_1)\theta_1}d\theta_1\cdots$$
$$\times\int_0^{2\pi}e^{i(k_n-m_n)\theta_n}d\theta_n=0,\quad \text{如有一 } k_\alpha\neq m_\alpha.$$

把 $\int_D|f(z)|^2\dot{z}$ 化为逐项积分, 即得定理.

由此定理可得

定理 2.1.3　如果 $f(z)\in\mathfrak{L}^2(D)$, $\overline{P}(a,r)$ 为任一闭多圆柱包含于 D 者, 则

$$|f(a)|^2\leqslant\frac{\int_{P(a,r)}|f(z)|^2\dot{z}}{\pi^n r_1^2\cdots r_n^2}\leqslant\frac{\int_D|f(z)|^2\dot{z}}{\pi^n r_1^2\cdots r_n^2}.$$

定理 2.1.4 若 $\{\varphi_k(z)\}$ 为 $\mathfrak{L}^2(D)$ 的一正交就范函数系, 则

$$\sum_{k=0}^{\infty} \varphi_k(z)\overline{\varphi_k(\zeta)}$$

是 $z \in D$, $\zeta = (\zeta_1, \cdots, \zeta_n) \in D$ 的 $z_1, \cdots, z_n$ 与 $\overline{\zeta}_1, \cdots, \overline{\zeta}_n$ 的解析函数.

证 对任一点 $z \in D$ 作多圆柱, $P(z, r)$:

$$|\zeta_1 - z_1| < r_1, \cdots, |\zeta_n - z_n| < r_n,$$

其闭包在域 D 内者. 由定理 2.1.3 知

$$\sum_{k=1}^{N} |\varphi_k(z)|^2 = \int_D \left|\sum_{k=1}^{N} \varphi_k(z)\overline{\varphi_k(\zeta)}\right|^2 \dot{\zeta}$$
$$\geqslant \pi^n r_1^2 \cdots r_n^2 \left(\sum_{k=1}^{N} |\varphi_k(z)|^2\right)^2,$$

由此知

$$\sum_{k=1}^{N} |\varphi_k(z)|^2 \leqslant \frac{1}{\pi^n r_1^2 \cdots r_n^2}, \quad N = 1, 2, \cdots . \tag{2.1.2}$$

此乃表示级数

$$\sum_{k=1}^{\infty} |\varphi_k(z)|^2$$

在 D 的 z 点收敛.

对任一闭域 $\overline{B} \subset D$, 必有一正数 $R(\overline{B})$, 使得对 $\overline{B}$ 的任一点 z, 闭多圆柱 $|\zeta_\alpha - z_\alpha| \leqslant R(\overline{B})$ $(\alpha = 1, \cdots, n)$ 包含在 D 中.

由 (2.1.2) 知, 对任一点 $z \in \overline{B}$, 有

$$\sum_{k=1}^{\infty} |\varphi_k(z)|^2 \leqslant \frac{1}{\pi^n [R(\overline{B})]^{2n}}.$$

应用 Schwarz 不等式知, 若 $z \in \overline{B}$, $\zeta \in \overline{B}$, 则

$$\left|\sum_{k=1}^{N} \varphi_k(z)\overline{\varphi_k(\zeta)}\right|^2 \leqslant \left(\sum_{k=1}^{N} |\varphi_k(z)\overline{\varphi_k(\zeta)}|\right)^2$$
$$\leqslant \left(\sum_{k=1}^{N} |\varphi_k(z)|^2\right)\left(\sum_{k=1}^{N} |\varphi_k(\zeta)|^2\right) \leqslant \frac{1}{\pi^{2n}[R(\overline{B})]^{4n}}.$$

此乃表示函数串 $\left\{\sum_{k=1}^{N}\varphi_k(z)\overline{\varphi_k(\zeta)}\right\}_{N=1,2,\cdots}$ 在任一闭域 $\overline{B}\subset D$ 为一致有界, 故必局部一致有界, 并且 $\sum_{k=1}^{N}\varphi_k(z)\overline{\varphi_k(\zeta)}$ 为 $z_1,\cdots,z_n,\overline{\zeta}_1,\cdots,\overline{\zeta}_n$ 的在 $z\in D,\zeta\in D$ 中解析的函数串, 在每一点皆收敛, 故其极即函数 $\sum_{k=1}^{\infty}\varphi_k(z)\overline{\varphi_k(\zeta)}$ 亦为 $z\in D,\zeta\in D$ 的 z 与 $\overline{\zeta}$ 的解析函数 (定理 1.8.4). 定理证明.

定理 2.1.5 如果 $\sum_{k=1}^{\infty}|a_k|^2<\infty$, 则

(i) $g(z)=\sum_{k=1}^{\infty}a_k\varphi_k(z)$ 在 D 的任一紧致子集一致收敛 (因之在 D 解析);

(ii) $\lim_{N\to\infty}\int_D\left|g(z)-\sum_{k=1}^{N}a_k\varphi_k(z)\right|^2\dot{z}=0$ (因之 $g(z)\in\mathfrak{L}^2(D)$);

(iii) $a_k=\int_D g\overline{\varphi}_k\dot{z}$.

证 (i) 用上定理的证明方法可知, 对任一闭域 $\overline{B}\subset D$, 有

$$\begin{aligned}\left|\sum_{k=N}^{\infty}a_k\varphi_k(z)\right|^2&\leqslant\sum_{k=N}^{\infty}|a_k|^2\sum_{k=1}^{\infty}|\varphi_k(z)|^2\\&\leqslant\frac{1}{\pi^n[R(\overline{B})]^{2n}}\sum_{k=N}^{\infty}|a_k|^2.\end{aligned}$$

由此可见, $\sum_{k=1}^{\infty}a_k\varphi_k(z)$ 在 $\overline{B}$ 一致收敛, 故 $g(z)$ 在 D 解析 (定理 1.8.5).

(ii) 根据 (i), $g(z)$ 在 D 中任一紧致集一致收敛, 任取一闭域 $\overline{B}\subset D$, 则有

$$\begin{aligned}\int_{\overline{B}}\left|g(z)-\sum_{k=1}^{N}a_k\varphi_k(z)\right|^2\dot{z}&=\int_{\overline{B}}\lim_{m\to\infty}\left|\sum_{k=N+1}^{N+m}a_k\varphi_k(z)\right|^2\dot{z}\\&=\lim_{m\to\infty}\int_{\overline{B}}\left|\sum_{k=N+1}^{N+m}a_k\varphi_k(z)\right|^2\dot{z}\\&\leqslant\sum_{k=N+1}^{\infty}|a_k|^2.\end{aligned}$$

此乃表示任与 $\varepsilon>0$, 可取 N 充分大, 使得

$$\int_{\overline{B}}\left|g(z)-\sum_{k=1}^{N}a_k\varphi_k(z)\right|^2\dot{z}<\varepsilon.$$

上式对任一包含于 D 的闭域 $\overline{B}$ 皆成立, 故有

$$\int_D \left|g(z) - \sum_{k=1}^{N} a_k \varphi_k(z)\right|^2 \dot{z} \leqslant \varepsilon.$$

(iii) 由于对任一 a_k 可取 N 适当大使得

$$\begin{aligned}\left|\int_D g\overline{\varphi}_k \dot{z} - a_k\right| &= \left|\int_D g\overline{\varphi}_k \dot{z} - \int_D \left(\sum_{l=1}^{N} a_l \varphi_l\right) \overline{\varphi}_k \dot{z}\right| \\ &= \left|\int_D \left(g - \sum_{l=1}^{N} a_l \varphi_l\right) \overline{\varphi}_k \dot{z}\right| \\ &\leqslant \left(\int_D \left|g(z) - \sum_{l=1}^{N} a_l \varphi_l(z)\right|^2 \dot{z}\right)^{\frac{1}{2}} \left(\int_D |\varphi_k(z)|^2 \dot{z}\right)^{\frac{1}{2}}.\end{aligned}$$

根据定理之第 (ii) 部分知, 上式可以任意小, 因之

$$a_k = \int_D g\overline{\varphi}_k \dot{z}.$$

定理证明.

$\mathfrak{L}^2(D)$ 的一正交就范函数系 $\{\varphi_k(z)\}$ 称为完备的, 如对任一函数 $f(z) \in \mathfrak{L}^2(D)$, 下面条件之一成立:

(c_1) 有表示式

$$f(z) = \sum_{k=1}^{\infty} a_k \varphi_k(z),$$

其中 $a_k = \int_D f(z)\overline{\varphi_k(z)}\dot{z}$;

(c_2) 若 $\int_D f\overline{\varphi}_k \dot{z} = 0,\ k = 1, 2, \cdots$, 则必须 $f \equiv 0$;

(c_3) 若命 $a_k = \int_D f\overline{\varphi}_k \dot{z}$, 则

$$\sum_{k=1}^{\infty} |a_k|^2 = \int_D |f|^2 \dot{z}.$$

我们要证明这三个条件是等价的.

由定理 2.1.5(ii) 知, 完备性条件 (c_1) 包含 (c_3). (c_3) 显然包含 (c_2), 最后只需证 (c_2) 包含 (c_1).

设任一 $f \in \mathfrak{L}^2(D)$, $\{\varphi_k\}$ 为 (c_2) 定义下的完备正交就范函数系. 命

$$a_k = \int_D f\overline{\varphi}_k \dot{z} \quad 及 \quad g(z) = \sum_{k=1}^{\infty} a_k \varphi_k(z),$$

根据定理 2.1.1 及 2.1.5 (i) 知, $g(z)$ 在 D 解析; 由定理 2.1.5 (iii) 知, 必须

$$a_k = \int_D g\overline{\varphi}_k \dot{z}.$$

由此知

$$\int_D (f-g)\overline{\varphi}_k \dot{z} = 0, \quad k = 1, 2, \cdots,$$

而由 (c_2) 知

$$f \equiv g = \sum_{k=1}^{\infty} a_k \varphi_k(z),$$

故条件 (c_1), (c_2), (c_3) 是等价的.

2.2 $\mathfrak{L}^2(D)$ 的完备正交就范函数系的存在

定理 2.2.1 若 D 是 $\mathbb{C}^n$ 的一有界域, 则存在一 $\mathfrak{L}^2(D)$ 的完备正交就范函数系.

证 不妨假设 D 包含原点. 为简便起见, 命

$$\partial_1^{p_1}\partial_2^{p_2}\cdots\partial_n^{p_n} = \frac{\partial^{p_1+\cdots+p_n}}{\partial z^{p_1}\cdots\partial z_n^{p_n}} \tag{2.2.1}$$

及

$$\partial_1^{p_1}\partial_2^{p_2}\cdots\partial_n^{p_n} f^0 = \left(\frac{\partial^{p_1+\cdots+p_n} f(z)}{\partial z_1^{p_1}\cdots\partial z_n^{p_n}}\right)_{z=0};$$

$$\partial_k^0 f^0 = f(0). \tag{2.2.2}$$

把指标组 $(p_1, \cdots, p_n)$ 排一次序如下: 如果 $m_1+m_2+\cdots+m_n < p_1+p_2+\cdots+p_n$, 则命 $(m_1, \cdots, m_n)$ 在 $(p_1, \cdots, p_n)$ 之前; 如果 $m_1+\cdots+m_n = p_1+\cdots+p_n$, $m_n = p_n, \cdots, m_{k+1} = p_{k+1}$ $(k \geqslant 1)$ 而 $m_k < p_k$, 则命 $(m_1, \cdots, m_n)$ 在 $(p_1, \cdots, p_n)$ 之前. 此外, 我们以符号 $(m_1, \cdots, m_n) \subset (p_1, \cdots, p_n)$ 表指标组 $(m_1, \cdots, m_n)$ 在 $(p_1, \cdots, p_n)$ 之前; $(m_1, \cdots, m_n) \subseteq (p_1, \cdots, p_n)$ 表指标组 $(m_1, \cdots, m_n)$ 在 $(p_1, \cdots, p_n)$ 之前或者两者相等.

(i) 以 $E^{p_1, \cdots, p_n}$ 表 $\mathfrak{L}^2(D)$ 的子集, 任一 $f(z) \in E^{p_1, \cdots, p_n}$ 适合下面的条件:

$$\partial_1^{m_1}\cdots\partial_n^{m_n} f^0 = 0, \quad 若\ (m_1, \cdots, m_n) \subset (p_1, \cdots, p_n),$$

$$\partial_1^{p_1}\cdots\partial_n^{p_n}f^0=1. \tag{2.2.3}$$

显然 $\dfrac{z_1^{p_1}\cdots z_n^{p_n}}{p_1!\cdots p_n!}\in E^{p_1,\cdots,p_n}$, 故 $E^{p_1,\cdots,p_n}$ 是非空的集合.

现在我们找一极小函数 $h(z)\in E^{p_1,\cdots,p_n}$ 使 $\displaystyle\int_D|h(z)|^2\dot{z}$ 为最小者. 此值命之为 A, 即

$$A=\inf_{f\in E^{p_1,\cdots,p_n}}\int_D|f(z)|^2\dot{z}.$$

取一函数串 $h_l(z)\in E^{p_1,\cdots,p_n}$ $(l=1,2,\cdots)$, 使得

$$\lim_{l\to\infty}\int_D|h_l(z)|^2\dot{z}=A.$$

由定理 2.1.3 知, 对任一闭域 $\overline{B}\subset D$, 任意 $z\in\overline{B}$,

$$|h_l(z)|^2\leqslant\frac{\displaystyle\int_D|h_l(z)|^2\dot{z}}{\pi^n[R(\overline{B})]^{2n}}.$$

而后者趋于 $\dfrac{A}{\pi^n[R(\overline{B})]^{2n}}$, 当 $l\to\infty$. 故函数串 $\{h_l(z)\}$ 在 $\overline{B}$ 一致有界, 因而成一正规族 (定理 1.8.2), 我们可以在其中取一子串 $h_{l_j}(z)$, 使之在 D 收敛为一解析函数 $h(z)$, 显然 $h(z)\in E^{p_1,\cdots,p_n}$, 因为每一 $h_{l_j}(z)\in E^{p_1,\cdots,p_n}$ (定理 1.8.4). 故对任一闭域 $\overline{B}$ 包含于 D 者有

$$\begin{aligned}\int_B|h(z)|^2\dot{z}&=\lim_{j\to\infty}\int_B|h_{l_j}(z)|^2\dot{z}\\&\leqslant\lim_{j\to\infty}\int_D|h_{l_j}(z)|^2\dot{z}=A.\end{aligned}$$

由于 $\overline{B}$ 可以是任意的, 故有

$$\int_D|h(z)|^2\dot{z}\leqslant A.$$

另一方面,

$$\int_D|h(z)|^2\dot{z}\geqslant A,$$

故 $\displaystyle\int_D|h(z)|^2\dot{z}=A$, 而 $h(z)$ 为 $E^{p_1,\cdots,p_n}$ 的极小函数.

(ii) 任一函数 $g(z)\in\mathfrak{L}^2(D)$ 并适合 $\partial_1^{m_1}\cdots\partial_n^{m_n}g^0=0$, 当 $(m_1,\cdots,m_n)\subseteq(p_1,\cdots,p_n)$ 时, 则

$$\int_D h(z)\overline{g(z)}\dot{z}=0. \tag{2.2.4}$$

因为对任一常数 c, $h(z)+cg(z)\in E^{p_1,\cdots,p_n}$; 特别取

$$c=-\frac{\displaystyle\int_D h\overline{g}\dot{z}}{\displaystyle\int_D |g|^2\dot{z}},$$

则

$$\int_D |h+cg|^2\dot{z}=\int_D |h|^2\dot{z}+\overline{c}\int_D h\overline{g}\dot{z}+c\int_D \overline{h}g\dot{z}+|c|^2\int_D |g|^2\dot{z}$$

$$=A-\frac{\left|\displaystyle\int_D h\overline{g}\dot{z}\right|^2}{\displaystyle\int_D |g|^2\dot{z}}\leqslant A.$$

这是不可能的, 除非

$$\int_D h\overline{g}\dot{z}=0.$$

(iii) 极小函数是唯一的, 若 $E^{p_1,\cdots,p_n}$ 有另一极小函数 $h_1(z)$, 则 $g(z)=h(z)-h_1(z)$ 适合 (ii) 的条件, 因而

$$\int_D h(\overline{h}-\overline{h}_1)\dot{z}=\int_D h_1(\overline{h}-\overline{h}_1)\dot{z}=0,$$

即

$$\int_D |h-h_1|^2\dot{z}=0.$$

故 $h\equiv h_1$.

(iv) 现在为清楚起见, 以 $h_{p_1\cdots p_n}(z)$ 表 $E^{p_1,\cdots,p_n}$ 的极小函数 $(p_1,\cdots,p_n=0,1,2,\cdots)$. 由 (ii) 知 $\{h_{p_1\cdots p_n}\}$ 成一正交系, 即

$$\int_D h_{p_1\cdots p_n}(z)\overline{h_{q_1\cdots q_n}(z)}\dot{z}=0,\quad \text{如有一 } p_k\neq q_k.$$

若命

$$\varphi_{p_1\cdots p_n}(z)=\frac{h_{p_1\cdots p_n}(z)}{\left(\displaystyle\int_D |h_{p_1\cdots p_n}(z)|^2\dot{z}\right)^{1/2}},$$

则 $\{\varphi_{p_1\cdots p_n}(z)\}$ 成一 $\mathfrak{L}^2(D)$ 的正交就范函数系. 现在证明此系是完备的.

设 $f(z)$ 为任一 $\mathfrak{L}^2(D)$ 的函数. 作函数

$$f_{p_1\cdots p_n}(z)=\sum_{(m_1,\cdots,m_n)\subseteq(p_1,\cdots,p_n)}a_{m_1\cdots m_n}\varphi_{m_1\cdots m_n}(z),$$

其中 $a_{m_1\cdots m_n}$ 的选择使得 $f_{p_1\cdots p_n}(z)$ 适合下面条件:

$$\partial_1^{m_1}\cdots\partial_n^{m_n}f^0_{p_1\cdots p_n}=\partial_1^{m_1}\cdots\partial_n^{m_n}f^0,$$

当

$$(m_1,\cdots,m_n)\subseteq(p_1,\cdots,p_n). \tag{2.2.5}$$

这是可能的, 因为由 (2.2.5) 所得的方程组中, $a_{m_1\cdots m_n}$ 之系数所成的函数行列式不为零.

由 (ii) 知

$$\int_D(f_{p_1\cdots p_n}-f)\overline{\varphi}_{m_1\cdots m_n}\dot{z}=0,$$

当

$$(m_1,\cdots,m_n)\subseteq(p_1,\cdots,p_n),$$

此即

$$\int_D\left(\sum a_{q_1\cdots q_n}\varphi_{q_1\cdots q_n}-f\right)\overline{\varphi}_{m_1\cdots m_n}\dot{z}$$
$$=a_{m_1\cdots m_n}-\int_D f\overline{\varphi}_{m_1\cdots m_n}\dot{z}=0,$$

或

$$a_{m_1\cdots m_n}=\int_D f\overline{\varphi}_{m_1\cdots m_n}\dot{z}. \tag{2.2.6}$$

若命

$$g(z)=\sum_{p_1,\cdots,p_n=0}^{\infty}a_{p_1\cdots p_n}\varphi_{p_1\cdots p_n}(z),$$

则由定理 2.1.1 知

$$\sum_{p_1,\cdots,p_n=0}^{\infty}|a_{p_1\cdots p_n}|^2\leqslant\int_D|f|^2\dot{z}.$$

由定理 2.2.5 知, $g(z)$ 在 D 为解析并且

$$g(z)=\lim_{\substack{p_1\to\infty\\ \cdots\\ p_n\to\infty}}f_{p_1\cdots p_n}(z).$$

根据条件 (2.2.5) 知, 当 $(m_1, \cdots, m_n) \subseteq (p_1, \cdots, p_n)$ 时,

$$\partial_1^{m_1} \cdots \partial_n^{m_n} g^0 = \partial_1^{m_1} \cdots \partial_n^{m_n} f^0_{p_1 \cdots p_n} = \partial_1^{m_1} \cdots \partial_n^{m_n} f^0,$$

此即

$$\left(\frac{\partial^{m_1 + \cdots + m_n} g(z)}{\partial z_1^{m_1} \cdots \partial z_n^{m_n}} \right)_{z=0} = \left(\frac{\partial^{m_1 + \cdots + m_n} f(z)}{\partial z_1^{m_1} \cdots \partial z_n^{m_n}} \right)_{z=0},$$
$$m_1, \cdots, m_n = 0, 1, \cdots .$$

此乃表示必须

$$f(z) \equiv g(z) = \sum_{p_1, \cdots, p_n = 0}^{\infty} a_{p_1 \cdots p_n} \varphi_{p_1 \cdots p_n}(z),$$

其中根据 (2.2.6)

$$a_{p_1 \cdots p_n} = \int_D f \overline{\varphi}_{p_1 \cdots p_n} \dot{z}.$$

因之 $\{\varphi_{p_1 \cdots p_n}(z)\}$ 是 $\mathfrak{L}^2(D)$ 的完备正交就范函数系, 定理得证.

在上定理的证明之始, 我们曾把指标组排列成一个次序. 我们可以按此次序以一个指标表此完备正交就范系, 即

$$\{\varphi_k(z)\}_{k=1,2,\cdots}.$$

值得注意者, 上面定理之证明包含了: 可在原点附近选取一完备正交就范系, 使得在原点附近的展式为

$$\begin{aligned}
\varphi_0(z) &= a_0^{(0)} + a_1^{(0)} z_1 + \cdots + a_n^{(0)} z_n + a_{11}^{(0)} z_1^2 + a_{12}^{(0)} z_1 z_2 + \cdots, a_0^{(0)} \neq 0; \\
\varphi_1(z) &= a_1^{(1)} z_1 + \cdots + a_n^{(1)} z_n + a_{11}^{(1)} z_1^2 + a_{12}^{(1)} z_1 z_2 + \cdots, a_1^{(1)} \neq 0; \\
&\vdots \\
\varphi_n(z) &= a_n^{(n)} z_n + a_{11}^{(n)} z_1^2 + a_{12}^{(n)} z_1 z_2 + \cdots, a_n^{(n)} \neq 0; \\
\varphi_{n+1}(z) &= a_{11}^{(n+1)} z_1^2 + a_{12}^{(n+1)} z_1 z_2 + \cdots, a_{11}^{(n+1)} \neq 0; \\
\varphi_{n+2}(z) &= a_{12}^{(n+2)} z_1 z_2 + \cdots, a_{12}^{(n+2)} \neq 0; \\
&\vdots
\end{aligned}$$

又若在 $\mathfrak{L}^2(D)$ 中定义内积为 $(f, g) = \int_D f \overline{g} \dot{z}$, 范数为 $\|f\| = \left\{ \int_D |f|^2 \dot{z} \right\}^{\frac{1}{2}}$, 则成一 Hilbert 空间. 定理 2.1.5 (ii) 与定理 2.2.1 分别证明它是完备的与分离的.

现在还没有解决的问题是: 在什么条件下一复解析流形① 上也存在完备正交系?

① 关于复解析流形的定义, 可参阅陈省身 [1].

2.3 核 函 数

设 $\{\varphi_k(z)\}$ 为有界域 D 的 $\mathfrak{L}^2(D)$ 的一完备正交系 (以后简称域 D 的完备系). 命

$$K(z,\overline{\zeta})=\sum_{k=1}^{\infty}\varphi_k(z)\overline{\varphi_k(\zeta)},\quad z\in D,\ \zeta\in D,$$

这称为域 D 的核函数. 由定理 2.1.4 知, 这里 z 与 $\overline{\zeta}$ 的解析函数. 核函数有下列的性质:

定理 2.3.1 如果 $t=(t_1,\cdots,t_n)\in D$, 则 $K(t,\overline{t})>0$.

此即谓 $\{\varphi_k(t)\}$ 在 D 内没有公共零点, 这是显然的, 因为任一 $f(z)\in\mathfrak{L}^2(D)$ 能展为 $f(z)=\sum\limits_{k=0}^{\infty}a_k\varphi_k(z)$. 如果 $\varphi_k(z)$ $(k=0,1,\cdots)$ 以 t 点为公共零点, 则必 $f(t)=0$. 这是不可能的, 因为 $f(t)+c$ 仍然属于 $\mathfrak{L}^2(D)$, 其中 c 为任意常数.

定理 2.3.2 若 $f(z)\in\mathfrak{L}^2(D)$, 则对任一点 $t=(t_1,\cdots,t_n)\in D$,

$$f(t)=\int_D f(z)K(t,\overline{z})\dot{z},\tag{2.3.1}$$

及

$$\frac{\partial^{m_1+\cdots+m_n}f(t)}{\partial z_1^{m_1}\cdots\partial z_n^{m_n}}=\int_D f(z)\frac{\partial^{m_1+\cdots+m_n}K(t,\overline{z})}{\partial t_1^{m_1}\cdots\partial t_n^{m_n}}\dot{z}.\tag{2.3.2}$$

证 把 $f(z)$ 展为

$$f(z)=\sum_{k=0}^{\infty}a_k\varphi_k(z),\quad a_k=\int_D f\overline{\varphi}_k\dot{z}.$$

我们有

$$\begin{aligned}&\lim_{N\to\infty}\left|\int_D f(z)K(t,\overline{z})\dot{z}-\sum_{k=0}^{N}a_k\varphi_k(t)\right|\\ =&\lim_{N\to\infty}\left|\int_D f(z)\left(K(t,\overline{z})-\sum_{k=0}^{N}\varphi_k(t)\overline{\varphi_k(z)}\right)\dot{z}\right|\\ \leqslant&\lim_{N\to\infty}\left(\int_D\left|K(t,\overline{z})-\sum_{k=0}^{N}\varphi_k(t)\overline{\varphi_k(z)}\right|^2\dot{z}\right)^{\frac{1}{2}}\left(\int_D|f(z)|^2\dot{z}\right)^{\frac{1}{2}}.\end{aligned}$$

上面末式之第一个因子据定理 2.1.5 是趋于零的, 由此知 (2.3.1) 成立, 同法可证 (2.3.2).

定理 2.3.3　设 t 为 D 中一定点, $\dfrac{K(z,\bar{t})}{K(t,\bar{t})}$ 为 $\mathfrak{L}^2(D)$ 中适合条件

$$f(t)=1,\quad t\in D$$

的函数类中的极小函数.

证　如果 $f(t)=1$, 则由定理 2.3.2 知

$$\begin{aligned}1=|f(t)|^2&=\left|\int_D f(z)K(t,\overline{z})\dot{z}\right|^2\\&\leqslant\int_D|f(z)|^2\dot{z}\int_D|K(t,\overline{z})|^2\dot{z}=K(t,\bar{t})\int_D|f(z)|^2\dot{z},\end{aligned}$$

此乃表示

$$\int_D|f(z)|^2\dot{z}\geqslant\frac{1}{K(t,\bar{t})}.$$

但是

$$\int_D\left|\frac{K(z,\bar{t})}{K(t,\bar{t})}\right|^2\dot{z}=\frac{1}{K(t,\bar{t})},$$

故 $\dfrac{K(z,\bar{t})}{K(t,\bar{t})}$ 是适合所设条件的极小函数.

定理 2.3.4　当 $z=\zeta$ 时, 域 D 的核函数能定义为

$$K(z,\overline{z})=\sup_{h\in H}|h(z)|^2,\quad z\in D,$$

其中 H 代表一函数类, 它的任一函数 $h(z)$ 在 D 解析并适合

$$\int_D|h(z)|^2\dot{z}\leqslant 1.$$

证　命

$$\varphi(\zeta)=\frac{K(\zeta,\overline{z})}{\sqrt{K(z,\overline{z})}},$$

显见 $\varphi(\zeta)\in H$, 故

$$K(z,\overline{z})=|\varphi(z)|^2\leqslant\sup_{h\in H}|h(z)|^2.$$

如果 $h(z)\in H$, 则由定理 2.3.3 知

$$\begin{aligned}|h(z)|^2&\leqslant\frac{|h(z)|^2}{\displaystyle\int_D|h(\zeta)|^2\dot{\zeta}}=\frac{1}{\displaystyle\int_D\left|\frac{h(\zeta)}{h(z)}\right|^2\dot{\zeta}}\\&\leqslant\frac{1}{\displaystyle\int_D\left|\frac{K(\zeta,\overline{z})}{K(z,\overline{z})}\right|^2\dot{\zeta}}=K(z,\overline{z}).\end{aligned}$$

此乃表示

$$K(z,\overline{z}) \geqslant \sup_{h\in H} |h(z)|^2,$$

故 $K(z,\overline{z}) = \sup\limits_{h\in H} |h(z)|^2$.

由此定理知, $K(z,\overline{z})$ 与域 D 的完备系之选择无关, 再由定理 2.3.3 及定理 2.2.1 的证明 (iii) 中极小函数的唯一性知 $K(z,\overline{\zeta})$ 亦与完备系之选择无关.

又由此定理知

定理 2.3.5 设两有界域 D_1 与 D_2 适合 $D_1 \subseteq D_2$, 其核函数分别为 $K_{D_1}(z,\overline{z})$ 与 $K_{D_2}(z,\overline{z})$, 则

$$K_{D_1}(z,\overline{z}) \geqslant K_{D_2}(z,\overline{z}), \quad z \in D_1.$$

定理 2.3.6 设 D_1 与 D_2 分别是空间 $\mathbb{C}^n$ 与 $\mathbb{C}^m$ 的有界域, D 为其拓扑积 $D_1 \times D_2$, 则域 D 的核函数等于域 D_1 与域 D_2 的两核函数的乘积.

证 设 D_1 在 $z_1,\cdots,z_n$ 空间, D_2 在 $z_{n+1},\cdots,z_{n+m}$ 空间, $z=(z_1,\cdots,z_{n+m})$. 我们首先证明:

(i) 若 $f(z) \in \mathfrak{L}^2(D)$, 则对固定的

$$(z_1,\cdots,z_n) \in D_1, \quad f(z) \in \mathfrak{L}^2(D_2).$$

实际上, 可取闭多圆柱 $\overline{P}((z_1,\cdots,z_n),r) \subset D_1$. 对任一点 $(\xi_{n+1},\cdots,\xi_{n+m}) \in D_2$, 根据定理 2.1.3 有

$$\begin{aligned}&|f(z_1,\cdots,z_n,\xi_{n+1},\cdots,\xi_{n+m})|^2\\ \leqslant{}& \frac{1}{\pi^n r_1^2\cdots r_n^2}\int_{P((z_1,\cdots,z_n),r)} |f(\zeta_1,\cdots,\zeta_n,\xi_{n+1},\cdots,\xi_{n+m})|^2\dot{\zeta}.\end{aligned}$$

命 $\overline{B}_2$ 是包含于 D_2 的任一闭域, 则

$$\begin{aligned}&\int_{\overline{B}_2} |f(z_1,\cdots,z_n,\xi_{n+1},\cdots,\xi_{n+m})|^2\dot{\xi}\\ \leqslant{}& \frac{1}{\pi^n r_1^2\cdots r_n^2}\int_{D_1\times D_2} |f(\zeta,\xi)|^2\dot{\zeta}\dot{\xi}.\end{aligned}$$

由于 $\overline{B}_2$ 可以是 D_2 中任一闭域, 这证明了 $f(z_1,\cdots,z_n,\xi_{n+1},\cdots,\xi_{n+m})$ 对变数 ξ 属于 $\mathfrak{L}^2(D_2)$.

(ii) 命域 D, D_1, D_2 的核函数分别为

$$K(z_1,\cdots,z_{n+m},\overline{\zeta}_1,\cdots,\overline{\zeta}_{n+m}),$$

$$K_1(z_1,\cdots,z_n,\overline{\zeta}_1,\cdots,\overline{\zeta}_n),$$

$$K_2(z_{n+1},\cdots,z_{n+m},\overline{\zeta}_{n+1},\cdots,\overline{\zeta}_{n+m}).$$

根据定理 2.3.2 知, 当 $(t_1,\cdots,t_{n+m}),(\zeta_1,\cdots,\zeta_{n+m})\in D$,

$$\begin{aligned}&K_1(t_1,\cdots,t_n,\overline{\zeta}_1,\cdots,\overline{\zeta}_n)K_2(t_{n+1},\cdots,t_{n+m},\overline{\zeta}_{n+1},\cdots,\overline{\zeta}_{n+m})\\=&\int_D K_1(z_1,\cdots,z_n,\overline{\zeta}_1,\cdots,\overline{\zeta}_n)K_2(z_{n+1},\cdots,z_{n+m},\overline{\zeta}_{n+1},\cdots,\overline{\zeta}_{n+m})K(t,\overline{z})\dot{z}\\=&\int_{D_1} K_1(z_1,\cdots,z_n,\overline{\zeta}_1,\cdots,\overline{\zeta}_n)\prod_{\alpha=1}^{n}dx_\alpha dy_\alpha\int_{D_2}K(t,\overline{z})\\&\times K_2(z_1,\cdots,z_{n+m},\overline{\zeta}_{n+1},\cdots,\overline{\zeta}_{n+m})\prod_{\alpha=n+1}^{n+m}dx_\alpha dy_\alpha\\=&K(t_1,\cdots,t_{n+m},\overline{\zeta}_1,\cdots,\overline{\zeta}_{n+m}).\end{aligned}$$

定理证明.

定理 2.3.7　若有一解析变换 T:

$$w_1=\varphi_1(z),\cdots,w_n=\varphi_n(z)$$

把有界域 D 一一映为有界域 D_1, 则域 D 的核函数 $K(z,\overline{\zeta})$ 与域 D_1 的核函数 $K_1(w,\overline{\xi})$ 的关系为

$$K(z,\overline{\zeta})=K_1(w,\overline{\xi})\det\frac{\partial(w_1,\cdots,w_n)}{\partial(z_1,\cdots,z_n)}\overline{\frac{\partial(\xi_1,\cdots,\xi_n)}{\partial(\zeta_1,\cdots,\zeta_n)}},$$

其中 $\xi_\alpha=\varphi_\alpha(\zeta)\ (\alpha=1,\cdots,n)$.

证　由定理 1.6.6 知, 变换 T 之函数行列式不为零. 由定理 1.3.1 知

$$\dot{z}=\left|\det\frac{\partial(z_1,\cdots,z_n)}{\partial(w_1,\cdots,w_n)}\right|^2\dot{w}.\tag{2.3.3}$$

此乃表示如果 $f(z)\in\mathfrak{L}^2(D)$, 则 $f(z(w))\det\dfrac{\partial(z_1,\cdots,z_n)}{\partial(w_1,\cdots,w_n)}$ 属于 $\mathfrak{L}^2(D_1)$. 如果 $\{\varphi_k(z)\}$ 是 $\mathfrak{L}^2(D)$ 的一正交就范函数系, 则

$$\left\{\varphi_k(z(w))\det\frac{\partial(z_1,\cdots,z_n)}{\partial(w_1,\cdots,w_n)}\right\}$$

是 $\mathfrak{L}^2(D_1)$ 的一正交就范函数系. 此外, 若 $\{\varphi_k(z)\}$ 对 $\mathfrak{L}^2(D)$ 是完备的, 则

$$\left\{\varphi_k(z(w))\det\frac{\partial(z_1,\cdots,z_n)}{\partial(w_1,\cdots,w_n)}\right\}$$

对 $\mathfrak{L}^2(D_1)$ 亦然. 实际上, 只要证明: 若任一 $f(w)\in\mathfrak{L}^2(D_1)$ 且适合

$$\int_{D_1}f(w)\overline{\varphi_k(z(w))}\overline{\frac{\partial(z_1,\cdots,z_n)}{\partial(w_1,\cdots,w_n)}}\dot{w}=0,\tag{2.3.4}$$

$k=0,1,\cdots$, 则 $f(w)\equiv 0$.

由 (2.3.3) 知, (2.3.4) 即

$$\int_D \left[f(\varphi_1(z),\cdots,\varphi_n(z))\frac{\partial(w_1,\cdots,w_n)}{\partial(z_1,\cdots,z_n)}\right]\overline{\varphi_k(z)}\dot{z}=0,\quad k=0,1,2,\cdots;$$

$$f(\varphi_1(z),\cdots,\varphi_n(z))\frac{\partial(w_1,\cdots,w_n)}{\partial(z_1,\cdots,z_n)}$$

属于 $\mathfrak{L}^2(D)$, 而 $\{\varphi_k(z)\}$ 是完备的. 因此

$$f(\varphi_1(z),\cdots,\varphi_n(z))\frac{\partial(w_1,\cdots,w_n)}{\partial(z_1,\cdots,z_n)}\equiv 0.$$

但 $\dfrac{\partial(w_1,\cdots,w_n)}{\partial(z_1,\cdots,z_n)}\neq 0$, 故 $f(w)\equiv 0$.

由此知 D_1 的核函数为

$$\begin{aligned}K_1(w,\overline{\xi})&=\sum_{k=0}^{\infty}\varphi_k(z(w))\overline{\varphi_k(\zeta(\xi))}\frac{\partial(z_1,\cdots,z_n)}{\partial(w_1,\cdots,w_n)}\overline{\frac{\partial(\zeta_1,\cdots,\zeta_n)}{\partial(\xi_1,\cdots,\xi_n)}}\\&=K(z,\overline{\zeta})\frac{\partial(z_1,\cdots,z_n)}{\partial(w_1,\cdots,w_n)}\overline{\frac{\partial(\zeta_1,\cdots,\zeta_n)}{\partial(\xi_1,\cdots,\xi_n)}}.\end{aligned}$$

定理得证.

例 (i) 多圆柱

$$|z_1|<r_1,|z_2|<r_2,\cdots,|z_n|<r_n$$

的完备系为

$$\left\{\frac{\sqrt{(m_1+1)(m_2+1)\cdots(m_n+1)}}{\pi^{\frac{n}{2}}r_1^{m_1+1}\cdots r_n^{m_n+1}}z_1^{m_1}\cdots z_n^{m_n}\right\}_{m_1,\cdots,m_n=0,1,2,\cdots},\tag{2.3.5}$$

而核函数为

$$K(z,\overline{\zeta})=\frac{1}{\pi^n r_1^2\cdots r_n^2\left(1-\dfrac{z_1\overline{\zeta}_1}{r_1^2}\right)^2\left(1-\dfrac{z_2\overline{\zeta}_2}{r_2^2}\right)^2\cdots\left(1-\dfrac{z_n\overline{\zeta}_n}{r_n^2}\right)^2}.\tag{2.3.6}$$

(ii) 超球

$$|z_1|^2+\cdots+|z_n|^2<r^2$$

的完备系为

$$\left\{\frac{1}{\pi^{\frac{n}{2}}r^{n+m_1+\cdots+m_n}}\sqrt{\frac{(n+m_1+\cdots+m_n)!}{m_1!\cdots m_n!}}z_1^{m_1}\cdots z_n^{m_n}\right\}_{m_1,\cdots,m_n=0,1,2,\cdots},\tag{2.3.7}$$

而核函数为

$$K(z,\overline{\zeta}) = \frac{n!}{\pi^n r^{2n}\left(1 - \dfrac{z_1\overline{\zeta}_1 + \cdots + z_n\overline{\zeta}_n}{r^2}\right)^{n+1}}. \tag{2.3.8}$$

读者试自证之.

2.4 极 小 问 题

设 D 是一有界域, $\{\varphi_k(z)\}$ 是 $\mathfrak{L}^2(D)$ 的一完备正交就范系. 设 $f(z) \in \mathfrak{L}^2(D)$, 则能展为

$$f(z) = \sum_{k=0}^{\infty} a_k \varphi_k(z), \tag{2.4.1}$$

其中

$$a_k = \int_D f(z)\overline{\varphi_k(z)}\dot{z}. \tag{2.4.2}$$

我们要找一 $f(z)$, 使得 a_k 适合条件

$$\sum_{k=0}^{\infty} a_k a_{\nu k} = b_\nu, \quad \nu = 1, \cdots, N, \tag{2.4.3}$$

其中 $\{a_{\nu k}\}_{\nu=1,\cdots,N}$ 是 N 组已与的复数, 适合 $\displaystyle\sum_{k=0}^{\infty} |a_{\nu k}|^2 < \infty$ $(\nu = 1, \cdots, N)$ 且下面的 $N \times N$ 方阵为非异:

$$A = \begin{pmatrix} \displaystyle\sum_{k=0}^{\infty} a_{1k}\overline{a}_{1k} \cdots \sum_{k=0}^{\infty} a_{1k}\overline{a}_{Nk} \\ \vdots \qquad\qquad \vdots \\ \displaystyle\sum_{k=0}^{\infty} a_{Nk}\overline{a}_{1k} \cdots \sum_{k=0}^{\infty} a_{Nk}\overline{a}_{Nk} \end{pmatrix}; \tag{2.4.4}$$

而 $b_1, \cdots, b_N$ 为任意已与的复数. 此外, $\displaystyle\int_D |f|^2 \dot{z}$ 之值为极小.

由于 $\{\varphi_k(z)\}$ 是完备的, 故

$$\int_D |f(z)|^2 \dot{z} = \sum_{k=0}^{\infty} |a_k|^2.$$

应用 Lagrange 待定因子法, 我们在公式

$$\sum_{k=0}^{\infty} a_k\overline{a}_k - \sum_{\nu=1}^{N}\left[\lambda_\nu\left(\sum_{k=0}^{\infty} a_k a_{\nu k} - b_\nu\right) + \overline{\lambda}_\nu\left(\sum_{k=0}^{\infty} \overline{a}_k\overline{a}_{\nu k} - \overline{b}_\nu\right)\right]$$

中对 $\overline{a}_k$ 微分, 再命上式为零得

$$a_k = \sum_{\nu=0}^{N} \overline{\lambda}_\nu \overline{a}_{\nu k}. \tag{2.4.5}$$

以之代入 (2.4.3) 得

$$\sum_{\nu=1}^{N} \overline{\lambda}_\nu \sum_{k=0}^{\infty} a_{\mu k}\overline{a}_{\nu k} = b_\mu, \quad \mu = 1, \cdots, N. \tag{2.4.6}$$

命 (2.4.4) 的方阵之元素为 $\alpha_{\mu\nu} = \sum_{k=0}^{\infty} a_{\mu k}\overline{a}_{\nu k}, \mu, \nu = 1, \cdots, N$; 又命

$$A_\nu = \begin{pmatrix} \alpha_{11} \cdots \alpha_{1(\nu-1)}\alpha_{1(\nu+1)} \cdots \alpha_{1N} \\ \vdots \\ \alpha_{N1} \cdots \alpha_{N(\nu-1)}\alpha_{N(\nu+1)} \cdots \alpha_{NN} \end{pmatrix} \tag{2.4.7}$$

及

$$b = (b_1, \cdots, b_N). \tag{2.4.8}$$

我们通常以 B' 表矩阵 B 之置换, 则 (2.4.5) 有解

$$\overline{\lambda}_\nu = (-1)^{\nu-1}\frac{\det\ (b', A_\nu)}{\det A}, \quad \nu = 1, \cdots, N, \tag{2.4.9}$$

此外 $\det A$ 表方阵 A 的行列式. 以上式代入 (2.4.5) 得

$$a_k = \sum_{\nu=1}^{N} (-1)^{\nu-1}\frac{\det\ (b', A_\nu)}{\det A} a_{\nu k}. \tag{2.4.10}$$

因之所求之极小函数为

$$f(z) = \sum_{k=0}^{\infty} a_k \varphi_k(z) = \sum_{\nu=1}^{N} (-1)^{\nu-1}\frac{\det\ (b', A_\nu)}{\det A} \sum_{k=0}^{\infty} a_{\nu k}\varphi_k(z).$$

若命

$$\varphi(z) = \left(\sum_{k=0}^{\infty} a_{1k}\varphi_k(z), \cdots, \sum_{k=0}^{\infty} a_{Nk}\varphi_k(z)\right), \tag{2.4.11}$$

则

$$f(z) = -\det \begin{pmatrix} 0 & \varphi(z) \\ b' & A \end{pmatrix} \Big/ \det A. \tag{2.4.12}$$

而极小值根据 (2.4.5) 及 (2.4.9) 可得

$$\begin{aligned}\int_D |f|^2 \dot{z} &= \sum_{k=0}^{\infty} |a_k|^2 = \sum_{k=0}^{\infty} a_k \sum_{\nu=1}^{N} \lambda_\nu a_{\nu k} \\ &= \sum_{\nu=1}^{N} \lambda_\nu \sum_{k=0}^{\infty} a_k a_{\nu k} = \sum_{\nu=1}^{N} \lambda_\nu b_\nu \\ &= \sum_{\nu=1}^{N} (-1)^{\nu-1} \frac{\det(\overline{b'}, \overline{A}_\nu)}{\det A} b_\nu .\end{aligned}$$

故有 (注意 $\overline{A}' = A$)

$$\int_D |f(z)|^2 \dot{z} = -\frac{\det \begin{pmatrix} 0 & \bar{b} \\ b' & A \end{pmatrix}}{\det A}. \tag{2.4.13}$$

定理 2.4.1　有唯一的 $\mathfrak{L}^2(D)$ 的极小函数 $f(z) = \sum\limits_{k=0}^{\infty} a_k \varphi_k(z)$ 适合条件 (2.4.3) 与 (2.4.4), 且此函数能以 (2.4.12) 表之, 而其极小值为 (2.4.13).

现在只要证明解 (2.4.12) 是唯一的. 若另有一解

$$\varphi(z) = \sum_{k=0}^{\infty} c_k \varphi_k(z),$$

则 c_k 适合

$$\sum_{k=0}^{\infty} c_k a_{\nu k} = b_\nu, \quad \nu = 1, 2, \cdots, N.$$

由此及 (2.4.5) 知

$$\begin{aligned}\sum_{k=0}^{\infty} a_k (\bar{c}_k - \bar{a}_k) &= \sum_{\nu=0}^{N} \overline{\lambda}_\nu \sum_{k=0}^{\infty} (\bar{c}_k - \bar{a}_k) \bar{a}_{\nu k} \\ &= \sum_{\nu=1}^{N} \overline{\lambda}_\nu (\bar{b}_\nu - \bar{b}_\nu) = 0,\end{aligned}$$

故若有一 $a_k \neq c_k$, 则

$$\sum_{k=0}^{\infty} |c_k|^2 = \sum_{k=0}^{\infty} |a_k|^2 + \sum_{k=0}^{\infty} \left[|a_k - c_k|^2 - 2\mathrm{Re}\{a_k(\bar{c}_k - \bar{a}_k)\} \right] > \sum_{k=0}^{\infty} |a_k|^2.$$

这是不可能的, 因此所有的 $a_k = c_k$ $(k = 0, 1, \cdots)$.

现举一例. 设 t 为域 D 的一固定点, $u_1, \cdots, u_n$ 为一组不全为零的复数. 求作一 $\mathfrak{L}^2(D)$ 的极小函数 $f(z)$, 在 t 点适合

$$f(t)=0, \quad \sum_{\alpha=1}^{n}\frac{\partial f(t)}{\partial t_\alpha}u_\alpha=1. \tag{2.4.14}$$

如果 $f(z)=\sum_{k=0}^{\infty}a_k\varphi_k(z)$, 此条件即

$$\sum_{k=0}^{\infty}a_k\varphi_k(t)=0, \quad \sum_{k=0}^{\infty}a_k\sum_{\alpha=1}^{n}\frac{\partial\varphi_k(t)}{\partial t_\alpha}u_\alpha=1, \tag{2.4.15}$$

若我们选取坐标使 $t=0$ 及 $\{\varphi_k\}$ 为第 2.2 节之末所写的形式, 则不难证明相应于 (2.4.4) 的方阵 A 是非异的.

于是根据定理 2.4.1, 经计算可知, 极小函数为

$$f(z)=\frac{K(z,\bar t\,)\displaystyle\sum_{k=1}^{n}\frac{\partial K(t,\bar t\,)}{\partial\bar t_k}\overline{u}_k-K(t,\bar t\,)\sum_{k=1}^{n}\frac{\partial K(z,\bar t\,)}{\partial\bar t_k}\overline{u}_k}{[K(t,\bar t\,)]^2\left(\displaystyle\sum_{\alpha,\beta=1}^{n}\frac{\partial^2\log K(t,\bar t\,)}{\partial t_\alpha\partial\bar t_\beta}u_\alpha\overline{u}_\beta\right)}, \tag{2.4.16}$$

而极小值为

$$\int_D|f(z)|^2\dot z=\frac{1}{K(t,\bar t\,)\left(\displaystyle\sum_{\alpha,\beta=1}^{n}\frac{\partial^2\log K(t,\bar t\,)}{\partial t_\alpha\partial\bar t_\beta}u_\alpha\overline{u}_\beta\right)}, \tag{2.4.17}$$

其中 $K(z,\bar t\,)$ 为域 D 的核函数.

现设 $D\subset D_1$, D_1 是有界域, 则凡 $\mathfrak{L}^2(D_1)$ 的函数必属于 $\mathfrak{L}^2(D)$. 故有

定理 2.4.2　若 $D\subset D_1$, 而 λ_D 是 $\mathfrak{L}^2(D)$ 的适合条件 (2.2.3) 的极小函数之极小值, 而 λ_{D_1} 是 $\mathfrak{L}^2(D)$ 的适合同一条件的极小函数之极小值, 则恒有 $\lambda_D\leqslant\lambda_{D_1}$.

2.5　Bergmann 度量

设 D 为有界域, $K(z,\bar t\,)$ 为其核函数. 我们命

$$T_{\alpha\overline{\beta}}(z,\overline{z})=\frac{\partial^2\log K(z,\overline{z})}{\partial z_\alpha\partial\overline{z}_\beta}, \quad \alpha,\beta=1,\cdots,n \tag{2.5.1}$$

及

$$T(z,\overline{z})=\begin{pmatrix}T_{1\overline{1}}(z,\overline{z})\cdots T_{1\overline{n}}(z,\overline{z})\\ \vdots\\ T_{n\overline{1}}(z,\overline{z})\cdots T_{n\overline{n}}(z,\overline{z})\end{pmatrix}, \tag{2.5.2}$$

这显然是一 Hermitian 方阵, 即有 $\overline{T}' = T$.

我们称方阵 T 为域 D 的度量方阵, 而称二次微分式

$$ds^2 = \sum_{\alpha,\beta=1}^{n} T_{\alpha\overline{\beta}} dz_\alpha \overline{dz}_\beta = dzT\overline{dz'} \tag{2.5.3}$$

为 Bergmann 度量, 其中 $dz = (dz_1, \cdots, dz_n)$ 表一 n 维向量.

定理 2.5.1 一有界域 D 的度量方阵 $T(z,\overline{z})$ 在 D 中任一点 z 是定正的.

证 取任一点 $t \in D$, 由上节之公式 (2.4.16) 知, 有一适合条件 (2.4.14) 的极小函数 $f(z)$, 其极小值为

$$\int_D |f|^2 \dot{z} = \frac{1}{K(t,\overline{t}) \displaystyle\sum_{\alpha,\beta=1}^{n} T_{\alpha\overline{\beta}}(t,\overline{t}) u_\alpha \overline{u}_\beta}.$$

由于 $0 < \displaystyle\int_D |f|^2 \dot{z} < \infty$ 及 $K(t,\overline{t}) > 0$ (定理 2.3.1), 可知对任一组不全为零的复数 $u = (u_1, \cdots, u_n)$,

$$\sum_{\alpha,\beta=1}^{n} T_{\alpha\overline{\beta}}(t,\overline{t}) u_\alpha \overline{u}_\beta = uT\overline{u}' > 0.$$

定理证明.

定理 2.5.2 设

$$w_1 = \varphi_1(z), \cdots, w_n = \varphi_n(z)$$

是一把有界域 D 一一地映为一有界域 D_1 的解析变换, 则域 D 与域 D_1 的度量方阵 $T_D(z,\overline{z})$ 与 $T_{D_1}(w,\overline{w})$ 有下列的关系:

$$T_D(z,\overline{z}) = \frac{\partial w}{\partial z} T_{D_1}(w,\overline{w}) \overline{\frac{\partial w'}{\partial z}}, \tag{2.5.4}$$

其中 $\dfrac{\partial w}{\partial z}$ 表一 $n \times n$ 方阵

$$\frac{\partial w}{\partial z} = \begin{pmatrix} \dfrac{\partial w_1}{\partial z_1} \cdots \dfrac{\partial w_n}{\partial z_1} \\ \vdots \\ \dfrac{\partial w_1}{\partial z_n} \cdots \dfrac{\partial w_n}{\partial z_n} \end{pmatrix} = \frac{\partial(w_1, \cdots, w_n)}{\partial(z_1, \cdots, z_n)}. \tag{2.5.5}$$

证 命 $K_D(z,\overline{z})$ 与 $K_{D_1}(w,\overline{w})$ 分别为域 D 及 D_1 的核函数, 由定理 2.3.7 知

$$\log K_D(z,\overline{z}) = \log K_{D_1}(w,\overline{w}) + \log\det\frac{\partial w}{\partial z} + \log\overline{\det\frac{\partial w}{\partial z}},$$

因之

$$\frac{\partial^2 \log K_D(z,\overline{z})}{\partial z_\alpha \partial \overline{z}_\beta} = \sum_{\lambda,\mu=1}^{n} \frac{\partial^2 \log K_{D_1}(w,\overline{w})}{\partial w_\lambda \partial \overline{w}_\mu} \frac{\partial w_\lambda}{\partial z_\alpha} \overline{\frac{\partial w_\mu}{\partial z_\beta}}.$$

由此得定理.

定理 2.5.3 设 t 为有界域 D 的一点, 命 E_t 代表在域 D 解析的函数类, 其中每一函数 $h(z)$ 适合下面条件

$$h(t) = 0, \quad \int_D |h(z)|^2 \dot{z} \leqslant \frac{1}{K(t,\overline{t})}, \tag{2.5.6}$$

则 D 的 Bergmann 度量 ds^2 在 t 点能表为

$$ds^2 = \sup_{h\in E_t} \left| \sum_{\alpha=1}^{n} \frac{\partial h(z)}{\partial z_\alpha} dz_\alpha \right|^2_{z=t} = \sup_{h\in E_t} |dh(z)|^2_{z=t}.$$

证 命 $u = (u_1, \cdots, u_n)$ 为一组不全为零的复数, 命

$$F(z) = \{uT(t,\overline{t}')\overline{u}'\}^{\frac{1}{2}} f(z),$$

其中 $f(z)$ 为由 (2.4.16) 定义的极小函数. 由 (2.4.17) 知

$$\int_D |F(z)|^2 \dot{z} = \frac{1}{K(t,\overline{t})}.$$

又由 (2.4.16) 知, $F(t) = 0$, 因此 $F(z) \in E_t$, 故

$$\left| \sum_{\alpha=1}^{n} \frac{\partial F(z)}{\partial z_\alpha} u_\alpha \right|^2_{z=t} \leqslant \sup_{h\in E_t} \left| \sum_{\alpha=1}^{n} \frac{\partial h(z)}{\partial z_\alpha} u_\alpha \right|^2_{z=t}.$$

另一方面, 由 (2.4.16) 可得

$$\left| \sum_{\alpha=1}^{n} \frac{\partial F(z)}{\partial z_\alpha} u_\alpha \right|^2_{z=t} = uT(t,\overline{t})\overline{u}',$$

故有

$$uT(t,\overline{t})\overline{u}' \leqslant \sup_{h\in E_t} \left| \sum_{\alpha=1}^{n} \frac{\partial h(z)}{\partial z_\alpha} u_\alpha \right|^2_{z=t}. \tag{2.5.7}$$

但如果 $h(z) \in E_t$, 则函数

$$\frac{h(z)}{\left[\sum_{\alpha=1}^{n} \frac{\partial h(z)}{\partial z_\alpha} u_\alpha \right]_{z=t}}$$

适合条件 (2.4.14). 因之有

$$\left|\sum_{\alpha=1}^{n}\frac{\partial h(z)}{\partial z_\alpha}u_\alpha\right|_{z=t}^2 \leqslant \frac{\left|\sum\limits_{\alpha=1}^{n}\dfrac{\partial h(z)}{\partial z_\alpha}u_\alpha\right|_{z=t}^2}{K(t,\bar{t})\int_D |h(z)|^2\dot{z}} = \frac{1}{K(t,\bar{t})}\left(\int_D\left|\frac{h(z)}{\left[\sum\limits_{\alpha=1}^{n}\dfrac{\partial h(z)}{\partial z_\alpha}u_\alpha\right]_{z=t}}\right|^2\dot{z}\right)^{-1}$$

$$\leqslant \frac{1}{K(t,\bar{t})}\left(\int_D |f(z)|^2\dot{z}\right)^{-1} = uT(t,\bar{t})\overline{u}'.$$

上式对任一 $h(z)\in E_t$ 皆成立, 因此

$$\sup_{h\in E_t}\left|\sum_{\alpha=1}^{n}\frac{\partial h(z)}{\partial z_\alpha}u_\alpha\right|_{z=t}^2 \leqslant uT(t,\bar{t})\overline{u}'. \tag{2.5.8}$$

由 (2.5.7) 及 (2.5.8) 得知

$$uT(t,\bar{t})\overline{u}' = \sup_{h\in E_t}\left|\sum_{\alpha=1}^{n}\frac{\partial h(z)}{\partial z_\alpha}u_\alpha\right|_{z=t}^2.$$

把 u_α 换为 dz_α, 即得定理.

现在我们命 T 的逆方阵 T^{-1} 之元素为 $T^{\overline{\lambda}\mu}$ $(\lambda,\mu=1,\cdots,n)$, 又命

$$R_{\overline{\alpha}\lambda\mu\overline{\beta}} = -\frac{\partial^2 T_{\lambda\overline{\alpha}}}{\partial z_\mu\partial\overline{z}_\beta} + \sum_{\sigma,\nu=1}^{n} T^{\overline{\sigma}\nu}\frac{\partial T_{\mu\overline{\sigma}}}{\partial z_\lambda}\frac{\partial T_{\nu\overline{\beta}}}{\partial\overline{z}_\alpha}, \tag{2.5.9}$$

$(\lambda,\mu,\alpha,\beta=1,\cdots,n)$, 这称为域 D 的酉曲率张量. 易见有下之关系:

$$R_{\overline{\alpha}\lambda\mu\overline{\beta}} = R_{\overline{\alpha}\mu\lambda\overline{\beta}},\quad R_{\overline{\alpha}\lambda\mu\overline{\beta}} = R_{\overline{\beta}\lambda\mu\overline{\alpha}}.$$

命

$$w(z,dz) = \sum_{\alpha,\beta,\lambda,\mu=1}^{n} R_{\overline{\alpha}\lambda\mu\overline{\beta}}(z,\overline{z})\overline{dz}_\alpha dz_\lambda dz_\mu \overline{dz}_\beta, \tag{2.5.10}$$

这称为酉四次型. 又

$$\Omega(z,dz) = \frac{w(z,dz)}{\{dzT(z,\overline{z})\overline{dz'}\}^2}, \tag{2.5.11}$$

称为域 D 在 z 点的对向量 dz 的酉曲率.

若我们定义对一矩阵的微分为对此矩阵的各元素微分后所得的矩阵, 则 (2.5.10) 可书为 $\left(\text{这里 } d=\sum\limits_{\alpha=1}^{n}dz_\alpha\dfrac{\partial}{\partial z_\alpha},\ \overline{d}=\sum\limits_{\alpha=1}^{n}d\overline{z}_\alpha\dfrac{\partial}{\partial\overline{z}_\alpha}\right)$

$$w(z,dz) = dz(-\overline{d}dT + dT\cdot T^{-1}\overline{dT'})\overline{dz'}$$

$$= -dz[\overline{d}(dT \cdot T^{-1})]T\overline{dz'}, \tag{2.5.12}$$

因为 $dT^{-1} = -T^{-1}dT \cdot T^{-1}$.

定理 2.5.4 设解析变换

$$w_1 = \varphi_1(z), \cdots, w_n = \varphi_n(z)$$

把有界域 D 一一地映为一有界域 D_1, $w_D(z, dz)$ 与 $w_{D_1}(w, dw)$ 分别是域 D 与域 D_1 的酉四次型, 则有

$$w_{D_1}(w, dw) = w_D(z, dz).$$

证 显然有

$$dw = dz\frac{\partial w}{\partial z},$$

其中 $\dfrac{\partial w}{\partial z}$ 是由 (2.5.5) 定义的方阵. 根据 (2.5.4) 有

$$dT_D = d\frac{\partial w}{\partial z} \cdot T_{D_1}\overline{\frac{\partial w'}{\partial z}} + \frac{\partial w}{\partial z}dT_{D_1} \cdot \overline{\frac{\partial w'}{\partial z}},$$

故

$$dT_D \cdot T_D^{-1} = \frac{\partial w}{\partial z}(dT_{D_1} \cdot T_{D_1}^{-1})\left(\frac{\partial w}{\partial z}\right)^{-1} + d\frac{\partial w}{\partial z} \cdot \left(\frac{\partial w}{\partial z}\right)^{-1}.$$

因之

$$\overline{d}(dT_D \cdot T_D^{-1}) = \frac{\partial w}{\partial z}\overline{d}(dT_{D_1} \cdot T_{D_1}^{-1})\left(\frac{\partial w}{\partial z}\right)^{-1}.$$

由此知

$$\overline{d}(dT_D \cdot T_D^{-1})T_D = \frac{\partial w}{\partial z}\overline{d}(dT_{D_1} \cdot T_{D_1}^{-1})T_{D_1}\overline{\frac{\partial w'}{\partial z}}$$

或

$$dz\overline{d}(dT_D \cdot T_D^{-1})T_D\overline{dz'} = dw\overline{d}(dT_{D_1} \cdot T_{D_1}^{-1})T_{D_1}\overline{dw'}.$$

定理证明.

定理 2.5.5 有界域 D 的酉曲率恒 $\leqslant 2$.

证 命 $\{\varphi_k(z)\}$ 为 $\mathfrak{L}^2(D)$ 的一完备正交就范系. 以 $K(z, \overline{z}) = \sum\limits_{k=0}^{\infty}|\varphi_k(z)|^2$ 代入 (2.5.1) 可得

$$T_{\alpha\overline{\beta}}(z, \overline{z}) = \frac{1}{K^2(z, \overline{z})}\sum_{l<k}\left(\varphi_k\frac{\partial\varphi_l}{\partial z_\alpha} - \varphi_l\frac{\partial\varphi_k}{\partial z_\alpha}\right)\overline{\left(\varphi_k\frac{\partial\varphi_l}{\partial z_\beta} - \varphi_l\frac{\partial\varphi_k}{\partial z_\beta}\right)}, \tag{2.5.13}$$
$$\alpha, \beta = 1, \cdots, n.$$

把指标偶 (l,k) $(l<k)$ 安排一次序 (0,1) (0,2), $\cdots$, 而以一个指标 m 表之, 故可命

$$u_\alpha^{(m)}(z)=\varphi_k(z)\frac{\partial\varphi_l(z)}{\partial z_\alpha}-\varphi_l(z)\frac{\partial\varphi_k(z)}{\partial z_\alpha}, \tag{2.5.14}$$

其中

$$m=l+\frac{1}{2}k(k-1). \tag{2.5.15}$$

又命

$$N=\begin{pmatrix} u_1^{(1)}\cdots u_1^{(m)}\cdots \\ \vdots \\ u_n^{(1)}\cdots u_n^{(m)}\cdots \end{pmatrix}. \tag{2.5.16}$$

这是一有限行无穷列之矩阵, 其元素皆为在 D 解析的函数. 于是 (2.5.13) 可书为

$$T(z,\overline{z})=\frac{1}{K^2(z,\overline{z})}N\overline{N}'. \tag{2.5.17}$$

命

$$T_1=N\overline{N}',\quad \lambda=K^2(z,\overline{z}), \tag{2.5.18}$$

则 (2.5.17) 可书为

$$T_1=\lambda T.$$

由计算可知

$$\overline{d}dT_1-dT_1\cdot T_1^{-1}\overline{dT_1'}=\lambda(\overline{d}dT-dT\cdot T^{-1}\overline{dT'})+\lambda T\overline{d}d\log\lambda.$$

以 $\lambda=K^2(z,\overline{z})$ 代入上式, 并以 $(dzT\overline{dz'})^2$ 除等式的左右两端, 便得

$$\frac{\overline{d}dT_1-dT_1\cdot T^{-1}\overline{dT_1'}}{(dzT\overline{dz'})^2}=-K^2(z,\overline{z})\frac{-\overline{d}dT+dT\cdot T^{-1}\overline{dT'}}{(dzT\overline{dz'})^2}+\frac{2K^2(z,\overline{z})T}{dzT\overline{dz'}}.$$

由此得

$$w(z,dz)=2-\frac{dz(\overline{d}dT_1-dT_1\cdot T_1^{-1}\overline{dT_1'})\overline{dz'}}{K^2(z,\overline{z})(dzT\overline{dz'})^2}. \tag{2.5.19}$$

由 (2.5.18) 知

$$\begin{aligned}
&dz(\overline{d}dT_1-dT_1\cdot T_1^{-1}\overline{dT_1'})\overline{dz'}\\
=&dz[dN\overline{dN'}-dN\cdot\overline{N'}(N\overline{N'})^{-1}N\overline{dN'}]\overline{dz'}\\
=&dzdN[I^{(\infty)}-\overline{N'}(N\overline{N'})^{-1}N]\overline{dN'}\,\overline{dz'}\\
=&dzdN[I^{(\infty)}-\overline{N'}(N\overline{N'})^{-1}N]\overline{[I^{(\infty)}-\overline{N'}(N\overline{N'})^{-1}N]'}\overline{dN'}\,\overline{dz'}\\
\geqslant&0,
\end{aligned}$$

其中 $I^{(\infty)}$ 表无穷行列的么方阵, 即只有对角线上之元素为 1 而所有其他元素为零者. 由 (2.5.19) 可知

$$w(z,dz)\leqslant 2.$$

定理证明.

例 (i) 多圆柱 $P_n=\{|z_1|<1,\cdots,|z_n|<1\}$ 的 Bergmann 度量为

$$ds^2=2\left(\frac{|dz_1|^2}{(1-|z_1|^2)^2}+\cdots+\frac{|dz_n|^2}{(1-|z_n|^2)^2}\right), \tag{2.5.20}$$

因之酉曲率为

$$\varOmega(z,dz)=-\frac{\dfrac{|dz_1|^4}{(1-|z_1|^2)^4}+\cdots+\dfrac{|dz_n|^4}{(1-|z_n|^2)^4}}{\left(\dfrac{|dz_1|^2}{(1-|z_1|^2)^2}+\cdots+\dfrac{|dz_n|^2}{(1-|z_n|^2)^2}\right)^2}. \tag{2.5.21}$$

(ii) 单位超球 $S_n=\{|z_1|^2+\cdots+|z_n|^2<1\}$ 的 Bergmann 度量为

$$ds^2=(n+1)\frac{\left(1-\sum\limits_{\alpha=1}^{n}|z_\alpha|^2\right)\sum\limits_{\beta=1}^{n}|dz_\beta|^2+\left|\sum\limits_{\alpha=1}^{n}\overline{z}_\alpha dz_\alpha\right|^2}{\left(1-\sum\limits_{\alpha=1}^{n}|z_\alpha|^2\right)^2}, \tag{2.5.22}$$

因之酉曲率为

$$\varOmega(z,dz)=-\frac{2}{n+1}. \tag{2.5.23}$$

命

$$R_{\mu\overline{\beta}}=\sum_{\alpha,\lambda=1}^{n}T^{\overline{\alpha}\lambda}R_{\overline{\alpha}\lambda\mu\overline{\beta}}, \tag{2.5.24}$$

这称为域 D 的 Ricci 张量. 由 (2.5.9) 可知

$$\begin{aligned}R_{\mu\overline{\beta}}&=-\sum_{\lambda,\alpha=1}^{n}T^{\overline{\alpha}\lambda}\left\{\sum_{\nu=1}^{n}\left[\frac{\partial}{\partial\overline{z}_\beta}\left(\sum_{\sigma=1}^{n}\frac{\partial T_{\lambda\overline{\sigma}}}{\partial z_\mu}T^{\overline{\sigma}\nu}\right)\right]T_{\nu\overline{\alpha}}\right\}\\&=-\frac{\partial}{\partial\overline{z}_\beta}\left(\sum_{\nu,\sigma=1}^{n}\frac{\partial T_{\nu\overline{\sigma}}}{\partial z_\mu}T^{\overline{\sigma}\nu}\right)=-\frac{\partial}{\partial\overline{z}_\beta}\left(\frac{1}{\det T}\frac{\partial\det T}{\partial z_\mu}\right),\end{aligned}$$

因之 Ricci 张量可以书为

$$R_{\mu\overline{\beta}}=-\frac{\partial^2\log\det T}{\partial z_\mu\partial\overline{z}_\beta}. \tag{2.5.25}$$

由此及定理 2.5.2 易知

定理 2.5.6　若有一解析变换 $w_\alpha = \varphi_\alpha(z)$ $(\alpha = 1, \cdots, n)$ 把域 D 一一地映为一有界域 D_1, 而 $R^{(1)}_{\mu\overline{\beta}}$ 为域 D_1 的 Ricci 张量, 则

$$R_{\mu\overline{\beta}} = \sum_{\lambda,\alpha=1}^{n} R^{(1)}_{\lambda\overline{\alpha}} \frac{\partial w_\lambda}{\partial z_\mu} \overline{\frac{\partial w_\alpha}{\partial z_\beta}}. \tag{2.5.26}$$

域 D 的 Ricci 曲率定义为

$$-\frac{\displaystyle\sum_{\mu,\beta=1}^{n} R_{\alpha\overline{\beta}} dz_\alpha \overline{dz_\beta}}{\displaystyle\sum_{\alpha,\beta=1}^{n} T_{\alpha\overline{\beta}} dz_\alpha \overline{dz_\beta}}. \tag{2.5.27}$$

由 (2.5.1) 及 (2.5.25) 知, 上式可书为

$$-\frac{\overline{d}d \log \det T}{\overline{d}d \log K}. \tag{2.5.28}$$

2.6　测　地　线

设 $z^{(0)}$ 与 $z^{(1)}$ 为有界域 D 的任两固定点, 过此两点有在 D 内的曲线 C:

$$z_\alpha = z_\alpha(t), \quad t \text{ 为实参数}, \ \alpha = 1, \cdots, n,$$

其中 $z_\alpha = z_\alpha(t)$ 是 t 的在 $t_0 \leqslant t \leqslant t_1$ 中有二阶连续微分的函数, 并且

$$z_\alpha^{(0)} = z_\alpha(t_0), \quad z_\alpha^{(1)} = z_\alpha^{(1)}(t_1).$$

曲线 C 对于 Bergmann 度量的长度为

$$s = \int_C ds = \int_{t_0}^{t_1} \left(\sum_{\alpha,\beta=1}^{n} T_{\alpha\overline{\beta}} \frac{dz_\alpha}{dt} \overline{\frac{dz_\beta}{dt}} \right)^{1/2} dt. \tag{2.6.1}$$

为简便起见, 命

$$\dot{z}_\alpha = \frac{dz_\alpha}{dt}, \quad \varphi(z, \overline{z}, \dot{z}, \overline{\dot{z}}) = \left(\sum_{\alpha,\beta=1}^{n} T_{\alpha\overline{\beta}} \dot{z}_\alpha \overline{\dot{z}}_\beta \right)^{1/2}, \tag{2.6.2}$$

而书 (2.6.1) 为

$$s = \int_{t_0}^{t_1} \varphi(z, \overline{z}, \dot{z}, \overline{\dot{z}}) dt. \tag{2.6.1$'$}$$

假定有另一在 D 中的过 $z^{(0)}$ 与 $z^{(1)}$ 的曲线 C^*:

$$z_\alpha^* = z_\alpha(t) + \varepsilon\omega_\alpha(t), \quad t_0 \leqslant t \leqslant t_1, \tag{2.6.3}$$

其中 ε 为一无穷小变量, $\omega_\alpha(t)$ 是 t 的有二阶连续微分的函数, 并且

$$\omega_\alpha(t_0) = \omega_\alpha(t_1) = 0, \quad \alpha = 1, \cdots, n. \tag{2.6.4}$$

曲线 C^* 之长度为

$$s^* = \int_{t_0}^{t_1} \varphi(z^*, \overline{z}^*, \dot{z}^*, \overline{\dot{z}}^*) dt.$$

两曲线 C 及 C^* 之长度之差为

$$\sigma^* - \sigma = \varepsilon \int_{t_0}^{t_1} [\varphi(z^*, \overline{z}^*, \dot{z}^*, \overline{\dot{z}}^*) - \varphi(z, \overline{z}, \dot{z}, \overline{\dot{z}})] dt.$$

把上式积分号下的函数以 Taylor 级数展开之, 得

$$\sigma^* - \sigma = \varepsilon \int_{t_0}^{t_1} \sum_{\beta=1}^{n} \left(\frac{\partial\varphi}{\partial z_\beta}\omega_\beta + \frac{\partial\varphi}{\partial \overline{z}_\beta}\overline{\omega}_\beta + \frac{\partial\varphi}{\partial \dot{z}_\beta}\dot{\omega}_\beta + \frac{\partial\varphi}{\partial \overline{\dot{z}}_\beta}\overline{\dot{\omega}}_\beta \right) dt + \varepsilon^2 R_2.$$

应用部分积分有

$$\sigma^* - \sigma = \varepsilon \int_{t_0}^{t} \sum_{\beta=1}^{n} \left[\left(\frac{\partial\varphi}{\partial z_\beta} - \frac{d}{dt}\frac{\partial\varphi}{\partial \dot{z}_\beta} \right)\omega_\beta + \left(\frac{\partial\varphi}{\partial \overline{z}_\beta} - \frac{d}{dt}\frac{\partial\varphi}{\partial \overline{\dot{z}}_\beta} \right)\overline{\omega}_\beta \right] dt + \varepsilon^2 R_2.$$

如果曲线 C 有如下的性质: 对任意的 $\omega_\beta(t)$, 上式 ε 之系数恒为零, 换言之, $z_\alpha(t)$ 适合微分方程组

$$\frac{\partial\varphi}{\partial \overline{z}_\beta} - \frac{d}{dt}\frac{\partial\varphi}{\partial \overline{\dot{z}}_\beta} = 0, \quad \beta = 1, \cdots, n, \tag{2.6.5}$$

则 C 称为域 D 的对于 Bergmann 度量的**测地线**.

由 (2.6.2) 可知

$$\frac{\partial\varphi}{\partial \overline{z}_\gamma} = \frac{\displaystyle\sum_{\alpha,\beta=1}^{n} \frac{\partial T_{\alpha\overline{\beta}}}{\partial \overline{z}_\gamma}\dot{z}_\alpha \dot{z}_\beta}{2\dfrac{ds}{dt}}$$

及

$$\frac{d}{dt}\frac{\partial\varphi}{\partial \overline{\dot{z}}_\gamma} = \frac{\displaystyle\sum_{\alpha=1}^{n} T_{\alpha\overline{\gamma}}\ddot{z}_\alpha}{2\dfrac{ds}{dt}} + \frac{\displaystyle\sum_{\alpha,\beta=1}^{n} \left(\frac{\partial T_{\alpha\overline{\gamma}}}{\partial z_\beta}\dot{z}_\beta + \frac{\partial T_{\alpha\overline{\gamma}}}{\partial \overline{z}_\beta}\overline{\dot{z}}_\beta \right)\dot{z}_\alpha}{2\dfrac{ds}{dt}} - \frac{\displaystyle\sum_{\alpha=1}^{n} T_{\alpha\overline{\gamma}}\dot{z}_\alpha}{2\left(\dfrac{ds}{dt}\right)^2}\frac{d^2 s}{dt^2}.$$

若我们取曲线 C 之参数 $t=s$, 则有

$$\frac{d}{ds}\frac{\partial\varphi}{\partial\dot{\overline{z}}_\gamma}-\frac{\partial\varphi}{\partial\overline{z}_\gamma}=\frac{1}{2}\left(\sum_{\alpha=1}^{n}T_{\alpha\overline{\gamma}}\ddot{z}_\alpha+\sum_{\alpha,\beta=1}^{n}\frac{\partial T_{\alpha\overline{\gamma}}}{\partial\overline{z}_\beta}\dot{z}_\alpha\dot{\overline{z}}_\beta\right).$$

以 $2T^{\overline{\gamma}\lambda}$ 乘上式, 并对 γ 从 1 至 n 而加之, 便知测地线方程可书为如下之形式:

$$\frac{d^2z_\lambda}{ds^2}+\sum_{\alpha,\beta=1}^{n}\Gamma_{\alpha\beta}^{\lambda}\frac{dz_\alpha}{ds}\frac{\overline{dz_\beta}}{ds}=0,\quad \lambda=1,\cdots,n, \tag{2.6.6}$$

其中

$$\Gamma_{\alpha\beta}^{\lambda}=\sum_{\gamma=1}^{n}T^{\overline{\gamma}\lambda}\frac{\partial T_{\alpha\overline{\gamma}}}{\partial z_\beta}. \tag{2.6.7}$$

定理 2.6.1　设解析变换 T:

$$z_\alpha^*=\varphi_\alpha(z),\quad \alpha=1,\cdots,n$$

把域 D 一一地映为一有界域 D^*, 而 C 是域 D 的测地线, 则 C 之映象 C^* 是域 D^* 的测地线.

证　域 D 的测地线 C:

$$z_\alpha=z_\alpha(s),\quad \alpha=1,\cdots,n$$

经变换 T 映为 C^*:

$$z_\alpha^*=\varphi_\alpha(z(s)),\quad \alpha=1,\cdots,n.$$

由于 Bergmann 长度 s 是不变的 (定理 2.5.2), 我们只须证明 $z_\alpha^*(s)$ 适合微分方程

$$\frac{d^2z_\lambda^*}{ds^2}+\sum_{\alpha,\beta=1}^{n}\overset{*}{\Gamma}{}_{\alpha\beta}^{\lambda}\frac{dz_\alpha^*}{ds}\frac{\overline{dz_\beta^*}}{ds}=0,\quad \lambda=1,\cdots,n,$$

其中

$$\overset{*}{\Gamma}{}_{\alpha\beta}^{\lambda}=\sum_{\gamma=1}^{n}\overset{*}{T}{}^{\overline{\gamma}\lambda}\frac{\partial\overset{*}{T}_{\alpha\overline{\gamma}}}{\partial z_\beta},$$

而 $\overset{*}{T}_{\alpha\overline{\beta}}$ 为域 D^* 的度量方阵之元素.

根据假设, $z_\alpha(s)$ 适合微分方程 (2.6.6), 实际上我们只要证明方程组 (2.6.6) 经解析变换 T 不变.

根据定理 2.5.2,

$$T_{\alpha\bar{\gamma}}=\sum_{\nu,\mu=1}^{n}\overset{*}{T}_{\nu\bar{\mu}}\frac{\partial z_\nu^*}{\partial z_\alpha}\overline{\frac{\partial z_\mu^*}{\partial z_\gamma}},\quad T^{\bar{\gamma}\lambda}=\sum_{\sigma,\tau=1}^{n}\overset{*}{T}^{\bar{\sigma}\tau}\frac{\partial z_\lambda}{\partial z_\tau^*}\overline{\frac{\partial z_\gamma}{\partial z_\sigma^*}}.$$

由此, 经计算可得

$$\Gamma_{\alpha\beta}^{\lambda}=\sum_{\mu,\nu,\tau=1}^{n}\overset{*}{\Gamma}{}^{\tau}_{\nu\mu}\frac{\partial z_\lambda}{\partial z_\tau^*}\frac{\partial z_\nu^*}{\partial z_\alpha}\frac{\partial z_\mu^*}{\partial z_\beta}+\sum_{\nu=1}^{n}\frac{\partial^2 z_\nu^*}{\partial z_\alpha\partial z_\beta}\frac{\partial z_\lambda}{\partial z_\nu^*};$$

另一方面,

$$\frac{d^2 z_\lambda}{ds^2}=\sum_{\tau=1}^{n}\frac{\partial z_\lambda}{\partial z_\tau^*}\frac{d^2 z_\tau^*}{ds^2}+\sum_{\sigma,\tau=1}^{n}\frac{\partial^2 z_\lambda}{\partial z_\sigma^*\partial z_\tau^*}\frac{dz_\sigma^*}{ds}\frac{dz_\tau^*}{ds}.$$

由上两式及下面之恒等式:

$$\frac{\partial}{\partial z_\sigma^*}\left(\frac{\partial z_\lambda}{\partial z_\tau^*}\right)=-\sum_{\nu,\alpha,\beta=1}^{n}\frac{\partial^2 z_\nu^*}{\partial z_\alpha\partial z_\beta}\frac{\partial z_\lambda}{\partial z_\nu^*}\frac{\partial z_\alpha}{\partial z_\tau^*}\frac{\partial z_\beta}{\partial z_\sigma^*}$$

可得

$$\frac{d^2 z_\lambda}{ds^2}+\sum_{\alpha,\beta=1}^{n}\Gamma_{\alpha\beta}^{\lambda}\frac{dz_\alpha}{ds}\frac{dz_\beta}{ds}=\sum_{\tau=1}^{n}\left(\frac{d^2 z_\tau^*}{ds^2}+\sum_{\mu,\nu=1}^{n}\overset{*}{\Gamma}{}^{\lambda}_{\nu\mu}\frac{dz_\nu^*}{ds}\frac{dz_\mu^*}{ds}\right)\frac{\partial z_\lambda}{\partial z_\tau^*},$$

上式左端等于零, 而 $\left(\frac{\partial z_\lambda}{\partial z_\tau^*}\right)$ 之行列式不为零 (定理 1.6.6), 故必须

$$\frac{d^2 z_\tau^*}{ds^2}+\sum_{\nu,\mu=1}^{n}\overset{*}{\Gamma}{}^{\lambda}_{\nu\mu}\frac{dz_\nu^*}{ds}\frac{dz_\mu^*}{ds}=0.$$

此为所欲证.

2.7 单参数的解析变换群

设有依赖于一个实参数 t 的一族解析变换:

$$z_\alpha^*=\varphi_\alpha(z;t),\quad \alpha=1,\cdots,n,|t|<r, \tag{2.7.1}$$

对每一 t 值, 变换 (2.7.1) 皆是把有界域 D 一一地映为自已. 此外, 设 $\varphi_\alpha(z;t)$ 适合下面的条件:

(i) $\varphi_\alpha(z;t)$ 是变数 $z_1,\cdots,z_n$ 及 t 的连续函数. 对变数 $z_1,\cdots,z_n,\varphi_\alpha(z;t)$ 是在域 D 的复解析函数, 对实参数 $t,\varphi_\alpha(z;t)$ 是实的解析函数.

(ii) (2.7.1) 的所有变换成一群, 并且有

$$\varphi_\alpha(\varphi(z;t_1);t_2)=\varphi_\alpha(z,t_1+t_2),\quad \varphi_\alpha(z;0)=z_\alpha, \tag{2.7.2}$$

此时 (2.7.1) 的所有变换称为单参数的解析变换群①, 而称域 D 容许有一单参数解析变换群.

定理 2.7.1　单参数解析变换群 (2.7.1) 必定适合下面的常微分方程组

$$\frac{dz_\alpha^*}{dt}=\xi_\alpha(z^*), \tag{2.7.3}$$

其中 $\xi_\alpha(z^*)$ 是只包含 $z_1^*,\cdots,z_n^*$ 的在 D 解析的函数.

证　根据假设有

$$\varphi_\alpha(\varphi(z;t);t_1-t)=\varphi_\alpha(z;t_1).$$

对 t 微分得

$$\sum_{\beta=1}^n\frac{\partial\varphi_\alpha(z^*;t_1-t)}{\partial z_\beta^*}\frac{dz_\beta^*}{dt}+\frac{\partial\varphi_\alpha(z^*;t_1-t)}{\partial(t_1-t)}\frac{d(t_1-t)}{dt}=0.$$

再命 $t_1=t$, 并由 (2.7.2) 有

$$\frac{\partial\varphi_\alpha(z^*;0)}{\partial z_\beta^*}=\delta_{\alpha\beta},$$

故有

$$\frac{dz_\alpha^*}{dt}=\left[\frac{\partial\varphi_\alpha(z^*;t)}{\partial t}\right]_{t=0}.$$

命 $\xi_\alpha(z^*)=\left[\dfrac{\partial\varphi_\alpha(z^*;t)}{\partial t}\right]_{t=0}$, 便得定理.

由 (2.7.3) 可知, (2.7.1) 在 $t=0$ 的邻域有展式

$$z_\alpha^*=\varphi_\alpha(z;t)=z_\alpha+\xi_\alpha(z)t+\frac{1}{2}\sum_{\beta=1}^n\frac{\partial\xi_\alpha(z)}{\partial z_\beta}\xi_\beta(z)t^2+\cdots, \tag{2.7.4}$$

其中 $(\xi_1(z),\cdots,\xi_n(z))$ 称为单参数解析变换群 (2.7.1) 的 Killing 向量.

定理 2.7.2　若有界域 D 容许单参数解析变换群 (2.7.1), 则 Killing 向量必须满足下面的 Killing 方程

$$\sum_{\gamma=1}^n\left(\frac{\partial T_{\alpha\overline{\beta}}}{\partial z_\gamma}\xi_\gamma+\frac{\partial T_{\alpha\overline{\beta}}}{\partial\overline{z}_\gamma}\overline{\xi}_\gamma+T_{\gamma\overline{\beta}}\frac{\partial\xi_\gamma}{\partial z_\alpha}+T_{\alpha\overline{\gamma}}\overline{\frac{\partial\xi_\gamma}{\partial z_\beta}}\right)=0, \tag{2.7.5}$$

① 单参数解析变换群不一定要适合 (2.7.2) 的条件. 这里定义的单参数解析变换群对参数已经取了标准坐标.

$\alpha, \beta = 1, \cdots, n$. 此外,

$$\sum_{\gamma=1}^{n}\left(\xi_{\gamma}\frac{\partial \log K}{\partial z_{\gamma}}+\overline{\xi}_{\gamma}\frac{\partial \log K}{\partial \overline{z}_{\gamma}}\right) \tag{2.7.6}$$

在域 D 必定是 B-调和函数, 此处 K 是域 D 的核函数, 而

$$T_{\alpha\overline{\beta}}=\frac{\partial^2 \log K}{\partial z_{\alpha}\partial \overline{z}_{\beta}}.$$

证 由于解析变换 (2.7.1) 把 D 一一地映为自已, 故根据定理 2.5.2 知, 有关系

$$T_{\alpha\overline{\beta}}(z,\overline{z})-\sum_{\lambda,\mu=1}^{n}T_{\lambda\overline{\mu}}(z^*,\overline{z^*})\frac{\partial z_{\lambda}^*}{\partial z_{\alpha}}\overline{\frac{\partial z_{\mu}^*}{\partial z_{\beta}}}=0. \tag{2.7.7}$$

我们取 t 之绝对值充分小, 由 (2.7.4) 可知

$$\begin{aligned}
&\sum_{\lambda,\mu=1}^{n}T_{\lambda\overline{\mu}}(z^*,\overline{z^*})\frac{\partial z_{\lambda}^*}{\partial z_{\alpha}}\overline{\frac{\partial z_{\mu}^*}{\partial z_{\beta}}}\\
&=\sum_{\lambda,\mu=1}^{n}\left[T_{\lambda\overline{\mu}}(z,\overline{z})+\sum_{\gamma=1}^{n}\frac{\partial T_{\lambda\overline{\mu}}(z,\overline{z})}{\partial z_{\gamma}}(z_{\gamma}^*-z_{\gamma})\right.\\
&\quad\left.+\sum_{\gamma=1}^{n}\frac{\partial T_{\lambda\overline{\mu}}(z,\overline{z})}{\partial \overline{z}_{\gamma}}(\overline{z_{\gamma}^*}-\overline{z_{\gamma}})+\cdots\right]\left(\delta_{\lambda\alpha}+\frac{\partial \xi_{\lambda}}{\partial z_{\alpha}}t+\cdots\right)\left(\delta_{\mu\beta}+\overline{\frac{\partial \xi_{\mu}}{\partial z_{\beta}}}t+\cdots\right)\\
&=\sum_{\lambda,\mu=1}^{n}\left[T_{\lambda\overline{\mu}}(z,\overline{z})+\sum_{\gamma=1}^{n}\left(\frac{\partial T_{\lambda\overline{\mu}}(z,\overline{z})}{\partial z_{\gamma}}\xi_{\gamma}+\frac{\partial T_{\lambda\overline{\mu}}(z,\overline{z})}{\partial \overline{z}_{\gamma}}\overline{\xi}_{\gamma}\right)t+\cdots\right]\\
&\quad\times\left(\delta_{\lambda\alpha}+\frac{\partial \xi_{\lambda}(z)}{\partial z_{\alpha}}t+\cdots\right)\left(\delta_{\mu\beta}+\overline{\frac{\partial \xi_{\mu}}{\partial z_{\beta}}}t+\cdots\right)\\
&=T_{\alpha\overline{\beta}}(z,\overline{z})+\sum_{\gamma=1}^{n}\left(\frac{\partial T_{\alpha\overline{\beta}}}{\partial z_{\gamma}}\xi_{\gamma}+\frac{\partial T_{\alpha\overline{\beta}}}{\partial \overline{z}_{\gamma}}\overline{\xi}_{\gamma}+T_{\gamma\overline{\beta}}\frac{\partial \xi_{\gamma}}{\partial z_{\alpha}}+T_{\alpha\overline{\gamma}}\overline{\frac{\partial \xi_{\gamma}}{\partial z_{\beta}}}\right)t+\cdots.
\end{aligned}$$

以之代入 (2.7.7), 再比较 t 之系数, 便得 (2.7.5).

又由 $T_{\alpha\overline{\beta}}$ 之定义可知

$$\frac{\partial T_{\alpha\overline{\beta}}}{\partial z_{\gamma}}=\frac{\partial T_{\gamma\overline{\beta}}}{\partial z_{\alpha}},$$

故 Killing 方程又可书为

$$0=\frac{\partial}{\partial z_{\alpha}}\left(\sum_{\gamma=1}^{n}T_{\gamma\overline{\beta}}\xi_{\gamma}\right)+\frac{\partial}{\partial \overline{z}_{\beta}}\left(\sum_{\gamma=1}^{n}T_{\alpha\overline{\gamma}}\overline{\xi}_{\gamma}\right)$$

$$= \frac{\partial^2}{\partial z_\alpha \partial \overline{z}_\beta} \sum_{\gamma=1}^{n} \left(\xi_\gamma \frac{\partial \log K}{\partial z_\gamma} + \overline{\xi}_\gamma \frac{\partial \log K}{\partial \overline{z}_\gamma} \right).$$

此乃表示 $\sum_{\gamma=1}^{n} \left(\xi_\gamma \frac{\partial \log K}{\partial z_\gamma} + \overline{\xi}_\gamma \frac{\partial \log K}{\partial \overline{z}_\gamma} \right)$ 是 B-调和函数. 定理证明.

定理 2.7.3　若有界域 D 容许单参数解析变换群 (2.7.1), 又若 $\zeta = (\zeta_1, \cdots, \zeta_n)$ 是 D 的一固定点, 则 Killing 向量在 ζ 的邻域可表示为

$$\xi_\alpha(z) = \sum_{\lambda,\mu=1}^{n} T^{\overline{\mu}\alpha}(z, \overline{\zeta}) \left(\xi_\lambda(\zeta) \frac{\partial^2 \log K(\zeta, \overline{\zeta})}{\partial \zeta_\lambda \partial \overline{\zeta}_\mu} \right.$$
$$\left. - \overline{\xi_\lambda(\zeta)} \frac{\partial \log \dfrac{K(z, \overline{\zeta})}{K(\zeta, \overline{\zeta})}}{\partial \overline{\zeta}_\mu \partial \overline{\zeta}_\lambda} - \frac{\partial \overline{\xi_\lambda(\zeta)}}{\partial \overline{\zeta}_\mu} \frac{\partial \log \dfrac{K(z, \overline{\zeta})}{K(\zeta, \overline{\zeta})}}{\partial \overline{\zeta}_\lambda} \right). \tag{2.7.8}$$

证　根据定理 2.7.2 知, 存在 D 中的解析函数 $\varphi(z)$ 使得

$$\sum_{\gamma=1}^{n} \left(\xi_\gamma(z) \frac{\partial \log K(z, \overline{z})}{\partial z_\gamma} + \overline{\xi_\gamma(z)} \frac{\partial \log K(z, \overline{z})}{\partial \overline{z}_\gamma} \right) = \varphi(z) + \overline{\varphi(z)}.$$

由于 $K(z, \overline{v})$ 是 z 与 $\overline{v}$ 的在 D 解析的函数, 而 $K(\zeta, \overline{\zeta}) > 0$, 故在 ζ 的充分小邻域中 $K(z, \overline{v}) \neq 0$, 于是 $\log K(z, \overline{v})$ 在此邻域解析. 根据定理 1.2.4 可知, 把上式 $\overline{z}$ 换为独立之变数 $\overline{v} = (\overline{v}_1, \cdots, \overline{v}_n)$ 此式仍然成立, 即

$$\sum_{\gamma=1}^{n} \left(\xi_\gamma(z) \frac{\partial \log K(z, \overline{v})}{\partial z_\gamma} + \overline{\xi_\gamma(v)} \frac{\partial \log K(z, \overline{v})}{\partial \overline{v}_\gamma} \right) - \varphi(z) - \overline{\varphi(v)} = 0.$$

命上式左端为 $\Phi(z, \overline{v})$, 由

$$\Phi(z, \overline{\zeta}) + \Phi(\zeta, \overline{v}) - \Phi(z, \overline{v}) - \Phi(\zeta, \overline{\zeta}) = 0$$

可得

$$\sum_{\gamma=1}^{n} \left(\xi_\gamma(z) \frac{\partial \log \dfrac{K(z, \overline{\zeta})}{K(\zeta, \overline{v})}}{\partial z_\gamma} + \xi_\gamma(\zeta) \frac{\partial \log \dfrac{K(\zeta, \overline{v})}{K(\zeta, \overline{\zeta})}}{\partial \zeta_\gamma} \right.$$
$$\left. + \overline{\xi_\gamma(\zeta)} \frac{\partial \log \dfrac{K(z, \overline{\zeta})}{K(\zeta, \overline{\zeta})}}{\partial \overline{\zeta}_\gamma} - \overline{\xi_\gamma(v)} \frac{\partial \log \dfrac{K(z, \overline{v})}{K(\zeta, \overline{v})}}{\partial \overline{v}_\gamma} \right) = 0.$$

取一固定之整数 μ $(1 \leqslant \mu \leqslant n)$, 以 $\Delta \overline{\zeta}_\mu$ 除上式, 而以

$$\overline{v}_\mu = \overline{\zeta}_\mu + \Delta \overline{\zeta}_\mu, \quad \overline{v}_\alpha = \overline{\zeta}_\alpha \quad (\alpha \neq \mu)$$

代入. 命 $\Delta\overline{\zeta}_\mu \to 0$, 我们有

$$\sum_{\gamma=1}^{n}\left[-\xi_\gamma(z)\frac{\partial^2 \log K(z,\overline{\zeta})}{\partial z_\gamma \partial\overline{\zeta}_\mu}+\xi_\gamma(\zeta)\frac{\partial \log K(\zeta,\overline{\zeta})}{\partial \zeta_\gamma \partial\overline{\zeta}_\mu}-\frac{\partial}{\partial\overline{\zeta}_\mu}\left(\overline{\xi_\gamma(\zeta)}\frac{\partial \log \dfrac{K(z,\overline{\zeta})}{K(\zeta,\overline{\zeta})}}{\partial\overline{\zeta}_\gamma}\right)\right]=0. \tag{2.7.9}$$

由于

$$T_{\gamma\overline{\mu}}(z,\overline{\zeta})=\frac{\partial^2 \log K(z,\overline{\zeta})}{\partial z_\gamma \partial\overline{\zeta}_\mu}$$

及

$$\sum_{\mu=1}^{n} T^{\overline{\mu}\lambda}(z,\overline{z})T_{\gamma\overline{\mu}}(z,\overline{z})=\delta_{\lambda\gamma},$$

再应用定理 1.2.4, 当 z 在 ζ 的充分小邻域中,

$$\sum_{\mu=1}^{n} T^{\overline{\mu}\lambda}(z,\overline{\zeta})T_{\gamma\overline{\mu}}(z,\overline{\zeta})=\delta_{\lambda\gamma}, \tag{2.7.10}$$

我们以 $T^{\overline{\mu}\lambda}(z,\overline{\zeta})$ 乘 (2.7.9) 并对 μ 从 1 至 n 而加之, 应用 (2.7.10) 便导出 (2.7.8). 定理证明.

定理 2.7.4 若有界域 D 容许单参数的解析变换群 (2.7.1), 并且此等变换皆使域 D 的一定点 ζ 固定不变, 则我们可选取局部坐标

$$w_\alpha=\sum_{\beta=1}^{n} T^{\overline{\beta}\alpha}(\zeta,\overline{\zeta})\frac{\partial \log \dfrac{K(z,\overline{\zeta})}{K(\zeta,\overline{\zeta})}}{\partial\overline{\zeta}_\beta}, \tag{2.7.11}$$

使得对于此坐标 $w_1,\cdots,w_n$, 解析变换 (2.7.1) 为如下形式的线性变换

$$w^*=we^{At}, \tag{2.7.12}$$

其中 A 是一 $n\times n$ 常数方阵, $w^*=(w_1^*,\cdots,w_n^*)$ 与 $w=(w_1,\cdots,w_n)$ 代表 $1\times n$ 矩阵.

证 我们以 $z=\zeta$ 代入 (2.7.4), 根据假设,

$$\zeta_\alpha=\zeta_\alpha+\xi_\alpha(\zeta)t+\cdots,$$

比较 t 之系数便有

$$\xi_\alpha(\zeta)=0. \tag{2.7.13}$$

以之代入 (2.7.8) 得

$$\xi_\alpha(z) = -\sum_{\mu,\lambda=1}^{n} T^{\overline{\mu}\alpha}(z,\overline{\zeta})\overline{\frac{\partial \xi_\lambda(\zeta)}{\partial \zeta_\mu}}\frac{\partial \log \dfrac{K(z,\overline{\zeta})}{K(\zeta,\overline{\zeta})}}{\partial \overline{\zeta}_\lambda}. \tag{2.7.14}$$

变换 (2.7.11) 之函数行列式为

$$\begin{aligned}\det\left(\frac{\partial w_\alpha}{\partial z_\beta}\right)_{1\leqslant\alpha,\beta\leqslant n} &= \det\left(\sum_{\gamma=1}^{n} T^{\overline{\gamma}\alpha}(\zeta,\overline{\zeta})\frac{\partial^2 \log K(z,\overline{\zeta})}{\partial z_\beta \partial \overline{\zeta}_\gamma}\right)_{1\leqslant\alpha,\beta\leqslant n}\\ &= \det T^{-1}(\zeta,\overline{\zeta})\det T(z,\overline{\zeta}).\end{aligned}$$

由 (2.7.10) 知, 在 ζ 的充分小邻域中, 上式不为零, 故在 ζ 的充分小邻域内变换是一一的.

根据定理 2.7.1, 变换 (2.7.1) 适合微分方程 (2.7.3), 此方程对新的坐标为

$$\sum_{\beta=1}^{n}\frac{dw_\beta^*}{dt}\frac{\partial z_\alpha^*}{\partial w_\beta^*} = \xi_\alpha(z^*(w^*))$$

或

$$\frac{dw_\alpha^*}{dt} = \sum_{\beta=1}^{n}\xi_\beta(z^*)\frac{\partial w_\alpha^*}{\partial z_\beta^*},$$

其中

$$w_\alpha^* = \sum_{\beta=1}^{n} T^{\overline{\beta}\alpha}(\zeta,\overline{\zeta})\frac{\partial \log \dfrac{K(z^*,\overline{\zeta})}{K(\zeta,\overline{\zeta})}}{\partial \overline{\zeta}_\beta}.$$

以 (2.7.14) 代入上面之微分方程得

$$\frac{dw_\alpha^*}{dt} = -\sum_{\lambda,\mu=1}^{n} T^{\overline{\mu}\alpha}(\zeta,\overline{\zeta})\overline{\frac{\partial \xi_\lambda(\zeta)}{\partial \zeta_\mu}}\frac{\partial \log \dfrac{K(z^*,\overline{\zeta})}{K(\zeta,\overline{\zeta})}}{\partial \overline{\zeta}_\lambda} = \sum_{\beta=1}^{n} a_{\beta\alpha}w_\beta^*,$$

其中

$$a_{\beta\alpha} = -\sum_{\lambda,\mu=1}^{n} T_{\beta\overline{\lambda}}(\zeta,\overline{\zeta})T^{\overline{\mu}\alpha}(\zeta,\overline{\zeta})\overline{\frac{\partial \xi_\lambda(\zeta)}{\partial \zeta_\mu}}. \tag{2.7.15}$$

写成矩阵的形式, 即

$$\frac{dw^*}{dt} = w^* A, \tag{2.7.16}$$

其中

$$A = (a_{\alpha\beta})_{1 \leqslant \alpha, \beta \leqslant n}.$$

由 (2.7.2) 知, 当 $t = 0$, $z_\alpha^* = z_\alpha$, 故必须 $w_\alpha^* = w_\alpha$. 习知在此初值条件下, 微分方程 (2.9.16) 之解为

$$w^* = we^{At}.$$

定理证明.

值得注意的是, 经变换 (2.7.11), 在 ζ 的充分小邻域有

$$\begin{aligned} T_{\alpha\overline{\beta}}(z, \overline{z}) &= \sum_{\lambda,\mu=1}^{n} \frac{\partial^2 \log K(z(w), \overline{z(w)})}{\partial w_\lambda \partial \overline{w}_\mu} \frac{\partial w_\lambda}{\partial z_\alpha} \overline{\frac{\partial w_\mu}{\partial z_\beta}} \\ &= \sum_{\lambda,\mu,\sigma,\tau=1}^{n} \frac{\partial^2 \log K(z(w), \overline{z(w)})}{\partial w_\lambda \partial \overline{w}_\mu} T^{\overline{\sigma}\lambda}(\zeta, \overline{\zeta}) \\ &\quad \times T_{\alpha\overline{\sigma}}(z, \overline{\zeta}) T^{\overline{\mu}\tau}(\zeta, \overline{\zeta}) T_{\tau\overline{\beta}}(\zeta, \overline{z}), \end{aligned}$$

或

$$\overset{*}{T}_{\lambda\overline{\mu}}(w, \overline{w}) = \sum_{\alpha,\beta,\sigma,\tau=1}^{n} T_{\alpha\overline{\beta}}(z, \overline{z}) T^{\overline{\sigma}\alpha}(z, \overline{\zeta}) T^{\overline{\beta}\tau}(\zeta, \overline{z}) T_{\lambda\overline{\sigma}}(\zeta, \overline{\zeta}) T_{\tau\overline{\mu}}(\zeta, \overline{\zeta}), \tag{2.7.17}$$

其中

$$\overset{*}{T}_{\lambda\overline{\mu}}(w, \overline{w}) = \frac{\partial^2 \log K(z(w), \overline{z(w)})}{\partial w_\lambda \partial \overline{w}_\mu}. \tag{2.7.18}$$

根据定理 1.2.4, $w, \overline{w}$ 视为独立变数时 (2.7.17) 仍成立. 我们命 $\overline{w}_\alpha = 0$, 相应地有 $\overline{z}_\alpha = \overline{\zeta}_\alpha$. 由 (2.7.17) 得

$$\overset{*}{T}_{\lambda\overline{\mu}}(w, 0) = T_{\lambda\overline{\mu}}(\zeta, \overline{\zeta}), \tag{2.7.19}$$

上式表示 $\overset{*}{T}_{\lambda\overline{\mu}}(w, 0)$ 与变数 w 无关.

第3章　解析映照

3.1　多复变数空间的解析映照

设 D 是 $\mathbb{C}^n(z_1,\cdots,z_n)$ 空间的域, D^* 是 $\mathbb{C}^m(w_1,\cdots,w_m)$ 空间的域, 映 D 入 D^* 的解析映照 T:

$$w_1=f_1(z_1,\cdots,z_n),\cdots,w_m=f_m(z_1,\cdots,z_n)$$

是由在 D 解析的函数 $f_1,\cdots,f_m$ 定义, 对每一点 $z=(z_1,\cdots,z_n)\in D$, 对应有唯一的由 $f_1,\cdots,f_m$ 定义的点 $w=(w_1,\cdots,w_m)\in D^*$. $f_1,\cdots,f_m$ 称为 T 的映照函数. w 点称为 z 的象点, 而 z 点称为 w 的原象点. 如每一个 D^* 的点最少有一在 D 中的原象点, 则映照 T 称作映 D 为 D^*.

今后如不特别声明, 我们将仅考虑 $m=n$ 的情形, 此时映照 T 也称为解析变换. 如解析变换 T 一一地映 D 为 D^*, 则称为解析同胚或伪共形映照. 此时 D 与 D^* 称为解析等价. T 称为局部一一的或局部同胚的, 如每一点 $z\in D$ 有一邻域 U_z 包含于 D 中者, T 把 U_z 一一地映为 D^* 的 z 的象点 w 的一个邻域. 根据定理 1.6.6 知, 对于局部同胚的解析映照, 其函数行列式必不为零, 由此可知①

定理 3.1.1　若解析变换 T 在 $z^{(0)}$ 点的函数行列式为零, 则 $z^{(0)}$ 的任一邻域中最少有两不同的点 a 与 b 映为同一的点.

设 S_k $(k=1,2,\cdots)$ 是一串在 D 定义的解析变换, 其映照函数为 $f_1^{(k)}(z),\cdots,f_n^{(k)}(z)$, 如果我们有 n 个在 D 解析的函数串 $\{f_1^{(k)}(z)\},\cdots,\{f_n^{(k)}(z)\}$. 我们称解析变换串 $\{S_k\}$ 收敛、连续收敛、局部一致有界或成一正规族等, 是指每一函数串 $\{f_\alpha^{(k)}(z)\}$ 收敛、连续收敛、局部一致有界或成一正规族等.

现在证明关于解析同胚变换的 H. Cartan 唯一性定理.

定理 3.1.2　最多存在一个一一对应的解析变换, 映一有界域 D 为另一有界域 D^*, 把 $a\in D$ 点映为 $a^*\in D^*$, 并且映照函数的偏导数在 a 点取已与值.

证　不妨假定 $a=(0,\cdots,0)$ 及 $a^*=(0,\cdots,0)$.

若存在两个变换

$$S: z_\alpha^*=a_{1\alpha}z_1+\cdots+a_{n\alpha}z_n+\text{高次项},\quad \alpha=1,\cdots,n,$$

① 这里我们再次应用拓扑学的 Brouwer 内点定理 (参阅 §1.6, 29 页注).

及

$$S_1: z_\alpha^* = a_{1\alpha}z_1 + \cdots + a_{n\alpha}z_n + \text{高次项}, \quad \alpha = 1, \cdots, n,$$

把 D 一一地映为 D^*, 则变换 $T = S_1^{-1}S$ 把域 D 一一地映为自己, 其映照函数在原点的展式为

$$T: z_\alpha^* = z_\alpha + P_\alpha(z) + \cdots, \quad \alpha = 1, \cdots, n,$$

其中 $P_\alpha(z)$ 是展式中第一个不恒等于零的 $z_1, \cdots, z_n$ 的齐次多项式.

变换 $T^2 = T \cdot T$ 仍把 D 映为自己, 其映照函数有展式

$$T^2: z_\alpha^* = z_\alpha + 2P_\alpha(z) + \cdots, \quad \alpha = 1, \cdots, n;$$

如此继续, 可得

$$T^k: z_\alpha^* = z_\alpha + kP_\alpha(z) + \cdots, \quad \alpha = 1, \cdots, n.$$

但是变换串 $\{T^k\}$ 是一致有界的. 因为 D 是一有界域, 故 T^k 的映照函数的各阶偏微分分别是局部一致有界 (定理 1.8.3) 而与 k 无关, 因此必须 $P_\alpha(z) \equiv 0$. 此即变换 T 的映照函数为

$$z_\alpha^* = z_\alpha, \quad \alpha = 1, \cdots, n,$$

亦即 $S = S_1$. 证毕.

3.2 解析变换串的性质

定理 3.2.1 设 $S_1, S_2, \cdots$ 为一串在 D 连续收敛的解析变换, 其极限变换为 S. 若有一点 $a = (a_1, \cdots, a_n) \in D$, 并且变换 S 的函数行列式①的值不为 0, 则存在点 a 的一邻域 U 及一 $a^* = Sa$ 点的邻域 U^*, 并有一正数 N, 使得当 $k \geqslant N$ 时, 所有变换 S_k 在 U 是一一的, 并且 U^* 包含于 S_kU 之内.

证 为简便起见, 命变换 S 的函数行列式为 $\Delta(z)$, S_k 的函数行列式为 $\Delta_k(z)$.

(i) 由 $\Delta(a) \neq 0$ 可知, 有一闭超球 $\overline{S}(a, r)$ 包含于 D 中者, 使得变换 S 在此闭超球是一一的.

现在要证明, 存在包含于 $\overline{S}(a, r)$ 的闭同心超球 $\overline{S}(a, r_0)$ 及一正数 k_0, 使得 $k \geqslant k_0$ 时, 所有 S_k 在 $\overline{S}(a, r_0)$ 是一一的.

如若不然, 存在一串自然数 $k_1 < k_2 < \cdots$ 及两个收敛于 a 点的点串 $b^{(1)}, b^{(2)}, \cdots$ 与 $c^{(1)}, c^{(2)}, \cdots, S_{km}$ 把两不同的点 $b^{(m)} = (b_1^{(m)}, \cdots, b_n^{(m)})$ 与 $c^{(m)} = (c_1^{(m)}, \cdots, c_n^{(m)})$ 映为同一点, 命

$$\sum_{\alpha=1}^{n} |b_\alpha^{(m)} - c_\alpha^{(m)}|^2 = r_m^2,$$

① 根据定理 1.8.5 知, S 也是解析变换, 因之有函数行列式.

则 $r_m \neq 0$, 而

$$\lim_{m\to\infty} r_m = 0.$$

由假设知, S_{k_m} 的映照函数 $f_\alpha^{(k_m)}(z), \alpha = 1, \cdots, n$, 适合

$$f_\alpha^{(k_m)}(b^{(m)}) - f_\alpha^{(b_m)}(c^{(m)}) = 0, \quad \alpha = 1, \cdots, n. \tag{3.2.1}$$

命

$$\beta_\alpha^{(m)} = \frac{c_\alpha^{(m)} - b_\alpha^{(m)}}{r_m} \tag{3.2.2}$$

及

$$\varphi_\alpha^{(m)}(t) = f_\alpha^{(k_m)}(b_1^{(m)} + \beta_1^{(m)} t, \cdots, b_n^{(m)} + \beta_n^{(m)} t) - f_\alpha^{(k_m)}(b^{(m)}). \tag{3.2.3}$$

我们不妨假定

$$\lim_{m\to\infty} \beta_\alpha^{(m)} = \beta_\alpha, \tag{3.2.4}$$

否则可取 $\beta_\alpha^{(m)}$ 的一子串使之趋于一确定的极限.

因 $\{S_{k_m}\}$ 是连续收敛的, 故在 t 平面上原点的一邻域中存在极限函数

$$\varphi_\alpha(t) = \lim_{m\to\infty} \varphi_\alpha^{(m)}(t) = f_\alpha(a_1 + \beta_1 t, \cdots, a_n + \beta_n t) - f_\alpha(a),$$

其中 $f_1, \cdots, f_n$ 是变换 S 的映照函数.

由 (3.2.1) 与 (3.2.3) 知

$$\varphi_\alpha^{(m)}(r_m) = \varphi_\alpha^{(m)}(0) = 0, \quad \alpha = 1, \cdots, n.$$

因此

$$\lim_{m\to\infty} \frac{\varphi_\alpha^{(m)}(r_m) - \varphi_\alpha^{(m)}(0)}{r_m} = \left[\frac{d\varphi_\alpha(t)}{dt}\right]_{t=0} = 0,$$

此即在 a 点有

$$\beta_1 \left[\frac{\partial f_\alpha}{\partial z_1}\right]_{z=a} + \cdots + \beta_n \left[\frac{\partial f_\alpha}{\partial z_n}\right]_{z=a} = 0, \quad \alpha = 1, \cdots, n.$$

由 (3.2.2) 及 (3.2.4) 可知

$$|\beta_1|^2 + \cdots + |\beta_n|^2 = 1;$$

换言之, $\beta_1, \cdots, \beta_n$ 不全为 0, 因此必须

$$\left[\det \frac{\partial(f_1, \cdots, f_n)}{\partial(z_1, \ldots, z_n)}\right]_{z=a} = \Delta(a) = 0.$$

矛盾, 故证明了断言.

(ii) 命 Σ_0 为超球 $S(a, r_0)$ 的边界, 并命

$$\Sigma_0^* = S\Sigma_0, \quad \Sigma_k^* = S_k\Sigma_0,$$
$$a^* = Sa.$$

命 U 表超球 $S(a, r_0)$. 由 (i) 的证明知, a^* 是 SU 的内点, 故 a^* 至 Σ_0^* 的距离①δ 大于 0. 由假设, S_k 在 D 连续收敛, 而 Σ_0 为闭集, 因之在 Σ_0 一致收敛 (定理 1.7.5), 此即对任一点 $\zeta \in \Sigma_0$, 可取 k 充分大使得

$$\sum_{\alpha=1}^{n} |f_\alpha^{(k)}(\zeta) - f_\alpha(\zeta)|^2 < \frac{\delta}{2};$$

换言之, Σ_k^* 上的点至 Σ_0^* 上的点的距离小于 $\dfrac{\delta}{2}$, 故以充分小的正数为半径而以 a^* 为心的超球 U^* 包含于 S_kU 之内. 定理证毕.

定理 3.2.2 设 $S_1, S_2, \cdots$ 为一串在 D 连续收敛的解析变换, 每一变换皆是一一的, 则其极限变换 S 或为蜕化的解析变换, 即函数行列式恒等于零, 或为在 D 也是一一的解析变换.

证 由定理 1.6.4 知, S_k 的函数行列式 Δ_k 不取 0 值, 根据定理 1.8.8, Δ 或恒为 0 (即 S 是蜕化的), 或在 D 不取零值. 在后一情形, 我们要证明 S 把域 D 中两不相同的点 $z^{(0)}$ 与 z 映为不同的点 $\overset{*}{z}^{(0)}$ 与 $\overset{*}{z}$.

不妨假设 $z^{(0)} = 0$ 及 $\overset{*}{z}^{(0)} = 0$, 而要证明

$$|z_1|^2 + \cdots + |z_n|^2 > 0 \tag{3.2.5}$$

之点 z 映为

$$|\overset{*}{z}_1|^2 + \cdots + |\overset{*}{z}_n|^2 > 0 \tag{3.2.6}$$

之点 $\overset{*}{z}$ 便可.

因 Δ 在 $z = 0$ 点不为零, 故有一闭邻域 $\overline{U}$:

$$|z_1|^2 + \cdots + |z_n|^2 \leqslant \rho^2,$$

使 S 在 $\overline{U}$ 是一一的. 因之如果 z 点在 $\overline{U}$ 中适合 (3.2.5), 则对应的 $\overset{*}{z}$ 点显然适合 (3.2.6). 现在只要证明 z 点不属于 $\overline{U}$ 的情形.

根据定理 3.2.1, 可取 ρ 充分小, 使得存在一 $\sigma > 0$ 及一正整数 k_0, 当 $k \geqslant k_0$ 时 $\overset{*}{z} = 0$ 的闭邻域 $\overline{U}^*$:

$$|\overset{*}{z}_1|^2 + \cdots + |\overset{*}{z}_n|^2 \leqslant \sigma^2$$

① 一点至一点集的距离, 即此点至此点集任一点距离的低界.

包含在 $S_k\overline{U}$ 中.

根据假设, S_k 是一一的, 故凡在

$$|z_1|^2+\cdots+|z_n|^2>\rho^2$$

的点 z 经 S_k 映为

$$|\overset{*}{z}_1^{(k)}|^2+\cdots+|\overset{*}{z}_n^{(k)}|^2>\sigma^2$$

的点 $\overset{*}{z}^{(k)}$, 因之极限变换 S 把 z 点映为 $\overset{*}{z}$ 点, 其坐标必须适合

$$|\overset{*}{z}_1|^2+\cdots+|\overset{*}{z}_n|^2=\lim_{k\to\infty}\left\{|\overset{*}{z}_1^{(k)}|^2+\cdots+|\overset{*}{z}_n^{(k)}|^2\right\}\geqslant\sigma^2>0.$$

定理证明.

定理 3.2.3 如果解析变换 $S_1,S_2,\cdots$ 在 D 连续收敛, 其极限变换 S 在域 D 是一一的, 则对任一包含于 D 的紧致集 $\overline{H}$, 对应有一自然数 k_0, 当 $k\geqslant k_0$ 时, 变换 S_k 在 $\overline{H}$ 是一一的.

证 如果定理在一包含于 D 的闭集 $\overline{H}$ 中不成立, 则存在一递增的自然数串 $k_1<k_2<\cdots$ 及 $\overline{H}$ 中的两个点串 $a^{(1)},a^{(2)},\cdots$ 与 $b^{(1)},b^{(2)},\cdots$, 其中 $a^{(m)}\neq b^{(m)}$, 使

$$S_{k_m}a^{(m)}=S_{k_m}b^{(m)},\quad m=1,2,\cdots.$$

不妨假定 $a^{(m)}$ 收敛于点 a, $b^{(m)}$ 收敛于点 b. 由定理 3.2.1 知, 点 a 与 b 不能重合. 但由连续收敛的假设知

$$Sa=Sb,$$

而 S 是一一的, 故此不可能, 证毕.

3.3 一域串的核

设 $D_1,D_2,\cdots$ 是空间 $\mathbb{C}^n$ 的一域串. 命 A_k 表交集

$$D_k\cap D_{k+1}\cap\cdots$$

的内点组成的开集, 显然 $A_k\subset A_{k+1}$. 又命

$$A=A_1+A_2+\cdots.$$

若 $a\in A$, 以 a 为基点的域串 $\{D_k\}$ 的核 D 定义为包含 a 点并且包含于 A 的最大连通开集.

由核 D 的定义可知, 如果任一点 $b \in D$, 必有 b 的在 D 中的邻域 $U(b)$ 及一正整数 k_0, 使得 $U(b)$ 包含于所有 D_k $(k \geqslant k_0)$ 之内. 因为 $b \in D \subset A$, 必有一正整数 k_0, 使得 $b \in A_{k_0}$. A_{k_0} 是开集, 故有一在 D 中的邻域 $U(b) \subset A_{k_0}$. 另一方面, $A_{k_0} \subset D_{k_0} \cap D_{k_0+1} \cap \cdots$, 因此 $U(b) \subset D_k$ $(k \geqslant k_0)$.

设函数串 $f^{(1)}(z), f^{(2)}(z), \cdots$ 分别在域 $D_1, D_2, \cdots$ 定义. 我们说 $\{f^{(k)}(z)\}$ 在核 D 连续收敛, 即对 D 中的每一个邻域 $U(b)$, 及相应的正整数 $k_0, U(b)$ 包含于所有 $D_{k_0}, D_{k_0+1}, \cdots$ 中者, 函数串 $f^{(k_0)}(z), f^{(k_0+1)}(z), \cdots$ 在 $U(b)$ 连续收敛. 此外, 我们说 $\{f^{(k)}(z)\}$ 在 D 收敛, 或在 D 局部一致有界等, 也是这个意思.

定理 3.3.1 设 $S_1, S_2, \cdots$ 为一串在有界域 D 连续收敛且一一的解析变换, 其极限变换 S 也是一一的. 命

$$D^* = SD, \quad D_k^* = S_k D.$$

若 a 为 D 的一内点, 则 D^* 是域串 $\{D_k^*\}$ 的以 $a^* = Sa$ 为基点的核.

证 (i) 我们首先证明, 若 H^* 为包含点 a^* 的域, 当 $k \geqslant k_0$ 时, H^* 包含于所有 D_k^* 之内, 则 H^* 包含于 D^* 内.

取 $k \geqslant k_0$. 由于 H^* 包含于 D_k^*, 则 S_k 的逆变换 $T_k = S_k^{-1}$ 把 H^* 一一地映为 D 的一子域. 由于 D 是有界域, 变换 $T_{k_0}, T_{k_0+1}, \cdots$ 在 H^* 一致有界, 故成为一正规族, 在其中可选取一子串 $T_{k_1}, T_{k_2}, \cdots$ 使之在 H^* 连续收敛为变换 T. 我们要证明 T 是一一的解析变换. 由定理 3.2.2 知, 这只须证明在 H^* 中有一点使 T 的函数行列式不为零便可.

命

$$a_k^* = S_k a.$$

由假设知, a_k^* 收敛于 a^* 点, 并且

$$a = T_{k_m} a_{k_m}^*.$$

令 $k_m \to \infty$, 则有

$$a = T a^*.$$

命

$$a_{k_m} = T_{k_m} a^*.$$

由此可见, a_{k_m} 收敛于 a 点.

根据定理 1.8.3 可知, S_{k_m} 的函数行列式 Δ_{k_m} 是局部一致有界的, 因之存在一正数 N, 当 m 充分大时

$$|\Delta_{k_m}(a_{k_m})| \leqslant N.$$

命 $\Delta^*_{k_m}$ 表 T_{k_m} 的函数行列式, 由

$$\Delta_{k_m}(a_{k_m})\Delta^*_{k_m}(a^*)=1$$

可知, T 的函数行列式 Δ^* 在 a^* 点有

$$|\Delta^*(a^*)|=\left|\lim_{m\to\infty}\Delta^*_{k_m}(a^*)\right|\geqslant\frac{1}{N}>0,$$

故 T 是一一的解析变换, 此外 T 映 H^* 入 D 中.

现在证明 H^* 包含于 D^* 之中. 设 b^* 是 H^* 的任一点, 我们只要证明, 存在一点 $b\in D$, 使 $b^*=Sb$ 便可.

命 $b=Tb^*$, 这是 D 中的点; 又命

$$b_m=T_{k_m}b^*, \tag{3.3.1}$$

这也是 D 中的点, 显然 b_m 收敛于 b, 由于 S_{k_m} 连续收敛, 因此

$$\lim_{m\to\infty}S_{k_m}b_m=Sb.$$

由 (3.3.1) 知

$$b^*=S_{k_m}b_m,$$

故有①

$$b^*=Sb.$$

(ii) 现在证明 D^* 包含域串 $\{D^*_k\}$ 而以 a^* 为基点的中核 G^*. 命交集 $D^*_k\cap D^*_{k+1}\cap\cdots$ 的内点组成的点集 A^*_k 之和集为

$$A^*=\sum_{k=1}^{\infty}A^*_k.$$

我们作一串 G^* 的子域:

$$G^*_1\subset G^*_2\subset\cdots,$$

其中 G^*_1 包含 a^* 点, 且每一 G^*_l 之闭包 $\overline{G^*_l}$ 是紧致的并包含于 G^*. 此外 $G^*=\sum G^*_k$.

我们要证明, 对任一 G^*_l, 我们可有一 k_0, 当 $k\geqslant k_0$ 时, G^*_l 包含于所有的 D^*_k 中.

任一点 $b^*\in\overline{G^*_l}$, 由假设知 $b^*\in G^*\subset A^*$, 因此 b 必属于某一点集 A^*_k. A^*_k 是开集, 因此有一 b^* 的邻域 $U(b^*)\subset A^*_k$. 所有这些邻域之和集 $\sum\limits_{b^*\in G^*_l}U(b^*)$ 盖过 $\overline{G^*_l}$. 由

① 这结果包含了: 在 H^* 中 $T=S^{-1}$.

于 $\overline{G_l^*}$ 是紧致的, 根据 Heine-Borel 定理, 存在有限个邻域盖过它, 设这些邻域为

$$U_1(b_1^*), \cdots, U_N(b_N^*),$$

它们分别包含在 $A_{k_1}^*, \cdots, A_{k_N}^*$ 中. 命

$$k_0 = \max\{k_1, \cdots, k_N\},$$

即当 $k \geqslant k_0$ 时, $\overline{G_l^*}$ 包含于所有 A_k^* 中, 特别 G_l^* 包含于所有 D_k^* 中.

根据 (i), G_l^* 包含于 D^* 中 $(l = 1, 2, \cdots)$.

由于任一点 $b^* \in G^*$, 必有一充分大的 l, 使得 $b^* \in G_l^*$. 因之 $b^* \in D^*$, 我们得出 $G^* \subset D^*$.

(iii) 最后证明 D^* 包含于 $\{D_k^*\}$ 的以 a^* 为基点的核, 此即要证 D^* 包含于点集 A^*.

任一点 $b^* \in D^*$, 有一点 $b \in D$, 使得 $b^* = Sb$. 根据定理 3.2.1, 在 D 与 D^* 分别有邻域 $U(b)$ 与 $U^*(b^*)$, 使得当 $k \geqslant k_0$ 时, $U^*(b^*)$ 包含于所有的 $S_kU(b)$ 之内, 即 $U^*(b^*)$ 包含于所有 D_k^* 之内. 因此 $b^* \in A_k^*$, 亦即 $D^* \subset A^*$, 定理完全证明.

设给与一域串 $\{D_k\}$ 及一点 a, 我们称 D_k 收敛于以 a 为基点的核, 若任一 $\{D_k\}$ 的子串皆有同一的以 a 为基点的核.

定理 3.3.2 设

(i) $S_1, S_2, \cdots$ 为一串一一的解析变换, 分别在域 $D_1, D_2, \cdots$ 中定义, 并且 S_k 把 D_k 映为 D_k^*;

(ii) $D_1, D_2, \cdots$ 收敛于以 a 为基点的非空核 D, 所有 D_k 包含于一有界域中, 所有 D_k^* 亦包含在一有界域中;

(iii) $S_1, S_2, \cdots$ 在 a 点收敛, 并且它们的映照函数的偏导数亦在此点收敛.

在上述假设下, $\{S_k\}$ 在 D 连续收敛为一非蜕化解析变换 S 的充要条件为 $\{D_k^*\}$ 收敛于以 $a^* = \lim\limits_{k\to\infty} S_k a$ 为基点的非空核 D^*. 此外, 如果上述的充分条件成立时, $D^* = SD$.

证 (i) 条件是必要的. 由于 $\{S_k\}$ 的任一子串 $S_{k_1}, S_{k_2}, \cdots$ 在 D 连续收敛于一非蜕化的解析变换 S, 则点集

$$D^* = SD$$

是包含 $a^* = Sa$ 点的域. 我们只要证明 D^* 是域串 $D_{k_1}^*, D_{k_2}^*, \cdots$ 的以 a^* 为基点的核便可.

我们先证 D^* 包含于 $\{D_{k_m}^*\}$ 的以 a^* 为基点的核中. 任一 $b^* \in D^*$, 有一点 $b \in D$, 使 $b^* = Sb$. 由假设 (ii) 知, 有一 b 的包含于 D 的邻域 U, 当 $m \geqslant m_0$ 时, U 包含于所有 D_{k_m} 中. 应用定理 3.3.1 于域 U 可知, $S_{k_m}U$ 的以 b^* 为基点的核为 SU,

此即 b^* 有一邻域 U^* 包含于 D^* 者, 当 $m \geqslant M_0 \geqslant m_0$ 时, U^* 包含于所有 $S_{k_m}U$ 中, 故 U^* 包含于所有 $D^*_{k_m}$ 中 $(m \geqslant M_0)$. 此乃表示 b^* 点属于域串 $\{D^*_{k_m}\}_{m=1,2,\cdots}$ 的以 a^* 为基点的核. 但 b^* 可以是 D^* 的任一点, 故证明所断言.

其次要证 D^* 包含域串 $\{D^*_{k_m}\}$ 的以 a^* 点为基点的核, 根据定理 3.3.1 证明 (ii) 的方法知, 即要证任一域 H^* 包含 a^* 点, 其闭包是紧致的且当 m 充分大时包含于所有 $D^*_{k_m}$ 中. 于是 H^* 包含于 D^*.

$S^{-1}_{k_m}H^*$ 包含于 D_{k_m}, 而所有 D_{k_m} 包含于一有界域. 我们不妨假定 $S^{-1}_{k_m}$ 在 H^* 连续收敛为一解析变换 T, 否则取其一子串使之如此. 命 $a^*_{k_m} = S_{k_m}a$, 则 $a^*_{k_m}$ 收敛于 a^* 点, 而 $a^* \in H^*$. 故当 m 充分大时, 所有 $a^*_{k_m} \in H^*$, 并且 $a = Ta^*$. 如定理 3.3.1 证明 (i) 一样, 可证 T 是一一的. 再应用定理 3.3.1 于域 H^*, 可知域串 $\{S^{-1}_{k_m}H^*\}$ 的以 a 为基点的核即 TH^*. 但每一 $S^{-1}_{k_m}H^*$ 包含于 D_{k_m}, 故 TH^* 包含于 $\{D_{k_m}\}$ 的以 a 为基点的核, 此即 D. 于是可如定理 3.3.1 证明 (i) 一样, 可证 $T = S^{-1}$, 故 H^* 包含于 D^*.

因此 D^* 是 $\{D_{k_m}\}$ 的以 a^* 为基点的核. $\{D_{k_m}\}$ 是 $\{D_k\}$ 的任一子串, 因之 $\{D_k\}$ 收敛于以 a^* 为基点的核 D^*.

(ii) 条件是充分的. 设 D^* 为 $\{D^*_k\}$ 的以 a^* 为基点的非空核. 命 $\Delta^*_k(a^*_k)$ 表 S^{-1}_k 在 a^*_k 点的函数行列式, $a^*_k = S_k a$. 由于 $\{S^{-1}_k\}$ 是局部一致有界的, 所以 $\Delta^*_k(z^*)$ 在 D^* 是局部一致有界的. 由 $\Delta^*_k(a^*_k)\Delta_k(a) = 1$ 可知, 如果 $\{S_k\}$ 之子串 $S_{k_1}, S_{k_2}, \cdots$ 收敛, 则必收敛为一非蜕化的解析变换 S, 并且从证明 (i) 知, S 映 D 为 D^*. 由假设 (iii) 及定理 3.1.2 知, S 是唯一的, 因此根据定理 1.8.7 知, S_k 在 D 收敛为 S. 定理证明.

3.4　Carathéodory 度量

设 D 是空间 $\mathbb{C}^n$ 的一有界域. 命 $\mathfrak{E}(D)$ 表所有在 D 解析的且其绝对值小于 1 的函数类, 又命 $E(t_1, t_2)$ $(|t_1| < 1, |t_2| < 1)$ 表复平面上单位圆内两点 t_1 与 t_2 的非欧距离, 即

$$E(t_1, t_2) = \frac{1}{2}\log\frac{1 + \left|\dfrac{t_1 - t_2}{1 - \bar{t}_1 t_2}\right|}{1 - \left|\dfrac{t_1 - t_2}{1 - \bar{t}_1 t_2}\right|}. \tag{3.4.1}$$

设 a 与 b 是 D 的任两点, Carathéodory 定义此两点间的距离函数为

$$D_D(a, b) = \sup_{\varphi \in \mathfrak{E}(D)} E(\varphi(a), \varphi(b)). \tag{3.4.2}$$

距离函数有如下的性质:

(i) 对任两点 $a,b\in D$, 存在一在 D 解析的函数 $\varphi(z)\in\mathfrak{E}(D)$, 使得

$$D_D(a,b)=E(\varphi(a),\varphi(b)),$$

并且这是一有限数值.

证 在 $\mathfrak{E}(D)$ 中取一串函数 $\varphi^{(1)}(z),\varphi^{(2)}(z),\cdots$, 使得

$$\lim_{k\to\infty}E(\varphi^{(k)}(a),\varphi^{(k)}(b))=D_D(a,b).$$

命

$$f^{(k)}(z)=\frac{\varphi^{(k)}(z)-\varphi^{(k)}(b)}{1-\varphi^{(k)}(z)\overline{\varphi^{(k)}(b)}},$$

则所有 $f^{(k)}(z)$ 之绝对值皆 <1, 故成一正规族. 我们可取一子串 $\{f^{(k_m)}(z)\}$, 收敛为一在 D 解析的函数 $f(z)$, 其绝对值 $\leqslant 1$ 且 $f(b)=0$. 由极大模原理知, 在 D 内必须 $|f(z)|<1$. 在 $\{\varphi^{(k_m)}(z)\}$ 中取一子串收敛于 $\varphi(z)$, 则

$$\varphi(z)=\frac{f(z)+\varphi(b)}{1+\overline{\varphi(b)}f(z)}$$

为所求的函数 (显然属于 $\mathfrak{E}(D)$).

由证明中知道, $D_D(a,b)$ 可定义为

$$D_D(a,b)=\sup_{f\in\mathfrak{E}(D),f(b)=0}\frac{1}{2}\log\frac{1+f(a)}{1-f(a)}.$$

(ii) $D_D(a,b)$ 是一度量, 即

1° $D_D(a,b)=D_D(b,a)$;

2° $D_D(a,b)\geqslant 0$, 当且仅当 $a=b$ 时等号成立;

3° $D_D(a,b)\leqslant D_D(a,c)+D_D(c,b)$.

证 1° 是显然的. 欲证 2°, 只要证若两不同的点 $a,b\in D$, 则 $D_D(a,b)>0$. 设 $a=(a_1,\cdots,a_n),b=(b_1,\cdots,b_n)$, 不妨假定 $a_1\neq b_1$. 由于 D 是一有界域, 故有一正数 M 使得 $\dfrac{z_1}{M}$ 之绝对值在 D 上小于 1. 由于 $E\left(\dfrac{a_1}{M},\dfrac{b_1}{M}\right)>0$, 故 $D_D(a,b)>0$.

现在证明 3°. 从 (i) 可知, 存在 $\varphi(z)\in\mathfrak{E}(D)$, 使得

$$E(\varphi(a),\varphi(b))=D_D(a,b).$$

熟知

$$E(\varphi(a),\varphi(b))\leqslant E(\varphi(a),\varphi(c))+E(\varphi(c),\varphi(b)),$$

此乃表示

$$D_D(a,b) \leqslant D_D(a,c) + D_D(c,b).$$

(iii) 若有一解析变换 S 把域 D 一一地映为另一有界域 D^*, 且 $a^* = Sa, b^* = Sb$, 则

$$D_D(a,b) = D_{D^*}(a^*,b^*).$$

这是显然的, 读者试证之.

(iv) 若 $P = \{|z_1 - z_1^{(0)}| < r_1, \cdots, |z_n - z_n^{(0)}| < r_n\}$, 则对 P 的任两点 $a = (a_1, \cdots, a_n)$ 与 $b = (b_1, \ldots, b_n)$, 有

$$D_P(a,b) = \max\left\{E\left(\frac{a_1 - z_1^{(0)}}{r_1}, \frac{b_1 - z_1^{(0)}}{r_1}\right), \cdots, E\left(\frac{a_n - z_n^{(0)}}{r_n}, \frac{b_n - z_n^{(0)}}{r_n}\right)\right\}.$$

证 根据 (iii), 我们不妨假定 $z^{(0)} = 0$ 及 $r_1 = \cdots = r_n = 1$. 如果 $a = b$, 命题是显然的; 如果 $a \neq b$, 我们作一解析变换

$$w_1 = \frac{z_1 - a_1}{1 - \overline{a}_1 z_1}, \cdots, w_n = \frac{z_n - a_n}{1 - \overline{a}_n z_n},$$

这是把 P 一一地映为自己而把点 a 映为原点的变换. 若命

$$c_1 = \frac{b_1 - a_1}{1 - \overline{a}_1 b_1}, \cdots, c_n = \frac{b_n - a_n}{1 - \overline{a}_n b_n},$$

则应用 (iii) 知, $D_P(a,b) = D_P(0,c)$.

不妨假设 $|c_1|, \cdots, |c_n|$ 中最大者为 $|c_n|$. 对任一 $\varphi(z) \in \mathfrak{E}(P)$, 并且 $\varphi(0) = 0$ 者, 我们作函数

$$f(t) = \varphi\left(\frac{c_1 t}{c_n}, \frac{c_2 t}{c_n}, \cdots, t\right).$$

这里在单位圆 $|t| < 1$ 解析并且绝对值小于 1 的函数, 此外 $f(0) = 0$, 由单复变数的 Schwarz 引理知

$$|f(c_n)| = |\varphi(c_1, \cdots, c_n)| \leqslant |c_n|. \tag{3.4.3}$$

在 (i) 的证明中知道, 0 与 c 点间的距离函数可定义为

$$D_P(0,c) = \sup_{\substack{\varphi \in \mathfrak{E}(P) \\ \varphi(0)=0}} \frac{1}{2} \log \frac{1 + |\varphi(c)|}{1 - |\varphi(c)|}.$$

由 (3.4.3) 知

$$D_P(0,c) \leqslant \frac{1}{2} \log \frac{1 + |c_n|}{1 - |c_n|};$$

另一方面, 如果 $\varphi(z)\equiv z_n$, 则 $\varphi(z)\in\mathfrak{E}(P),\varphi(0)=0$. 故

$$D_P(0,c)\geqslant\frac{1}{2}\log\frac{1+|c_n|}{1-|c_n|}.$$

所以我们有

$$D_P(0,c)=\frac{1}{2}\log\frac{1+|c_n|}{1-|c_n|}=\max\{E(0,c_1),\cdots,E(0,c_n)\}.$$

(v) 如果 G 为有界域 D 的子域, 则对任两点 $a,b\in G$, 有

$$D_D(a,b)\leqslant D_G(a,b).$$

(vi) $D_D(a,b)$ 是 a 与 b 的连续函数, 并且当 b 趋于 a 时趋于零.

证 取一多圆柱 $P(a,r)$ 包含于 D. 任与 $\varepsilon>0$, 由 (iv) 知对充分接近 a 的点 b, 有

$$D_P(a,b)<\varepsilon$$

而由 (v) 知

$$D_D(a,b)\leqslant D_P(a,b),$$

故 $b\to a$ 时, $D_D(a,b)\to 0$.

又由 (ii) 3° 知

$$|D_D(a,c)-D_D(b,c)|\leqslant D_D(a,b)<\varepsilon.$$

同理, 当 d 充分接近 c, 有

$$|D_D(d,b)-D_D(c,b)|\leqslant D_D(d,c)<\varepsilon,$$

故有

$$|D_D(d,b)-D_D(c,a)|\leqslant|D_D(d,b)-D_D(c,b)|+|D_D(c,b)-D_D(c,a)|<2\varepsilon.$$

证毕.

定理 3.4.1 若 S 是一解析变换, 把有界域 D 映入有界域 D^* 内, 把域 D 的 a 与 b 点分别映为 $a^*=Sa$ 与 $b^*=Sb$, 则

$$D_{D^*}(a^*,b^*)\leqslant D_D(a,b).$$

证 根据 (i), 我们有一 $\varphi^*(z^*)\in\mathfrak{E}(D^*)$ 使得

$$E(\varphi^*(a^*),\varphi^*(b^*))=D_{D^*}(a^*,b^*).$$

设变换 S 的映照函数为

$$z_\alpha^* = f_\alpha(z), \quad \alpha = 1, \cdots, n,$$

则函数

$$\varphi(z) = \varphi^*(f_1(z), \cdots, f_n(z))$$

属于 $\mathfrak{E}(D)$. 由于

$$E(\varphi(a), \varphi(b)) \leqslant D_D(a, b),$$

故得出

$$D_{D^*}(a^*, b^*) \leqslant D_D(a, b).$$

定理证明.

现在我们定义域 D 中联结 a, b 两点的有长曲线 σ 对于 Carathéodory 度量的长度 $L_D(\sigma)$. 先设 D 是一多圆柱 $P(a, r)$. 对 σ 上的任一组分割点 $a^{(0)} = a, a^{(1)}, a^{(2)}, \cdots, a^{(N)} = b$, 根据 (iv) 可知

$$\sum_{k=1}^{N} D_P(a^{(k-1)}, a^{(k)}) \leqslant \sum_{k=1}^{N} \sum_{\alpha=1}^{n} E(a_\alpha^{(k-1)}, a_\alpha^{(k)}) \leqslant \sum_{\alpha=1}^{n} \int_{\sigma_\alpha} \frac{|dz_\alpha|}{1 - |z_\alpha|^2},$$

其中 σ_α 是 σ 在 z_α 平面的投影①. 故上式左端有一有限的高界, 此高界定义为 $L_P(\sigma)$.

对一般的有界域 D, 我们可用有限多个包含于 D 的多圆柱 $P_1, \cdots, P_l$ 盖过曲线 σ, 使得两相邻多圆柱的中心落在同一多圆柱内, 我们考虑 σ 的分割点 $a = a^{(0)}, a^{(1)}, a^{(2)}, \cdots, a^{(N)} = b$, 使得任取相邻分割点间的曲线必落在一多圆柱之中者, 如是根据 (iv) 可知

$$\sum_{k=1}^{N} D_D(a^{(k-1)}, a^{(k)}) \leqslant L_{P_1}(\sigma_1) + \cdots + L_{P_l}(\sigma_l),$$

其中 $\sigma_1, \cdots, \sigma_l$ 是 σ 的用多圆柱 $P_1, \cdots, P_l$ 的中心分割的线段, 故上式左端有一有限高界, 这定义之为 $L_D(\sigma)$.

从定理 3.4.1 立得

定理 3.4.2 若解析变换 S 映有界域 D 入 D^*, 把 D 内的有长曲线 σ 映为 σ^*, 则

$$L_{D^*}(\sigma^*) \leqslant L_D(\sigma).$$

① 如果曲线 σ 的方程为 $z_1 = z_1(t), \cdots, z_n = z_n(t)$ $(0 \leqslant t \leqslant 1)$, 则 σ_α 即是 z_α 平面的曲线 $z_\alpha = z_\alpha(t), 0 \leqslant t \leqslant 1$.

设 a 为 D 的一固定点. 命 $D(a,\rho)$ 表 D 的子集, 其每一点皆能以一在 D 中的有长曲线 σ 与 a 点相联, 并且

$$L_D(\sigma) < \rho$$

者 (ρ 是一正数). 显然 $D(a,\rho)$ 是连通的, 并且可以证明它是一域. 我们只要证明它是开集便可. 设 $b \in D(a,\rho)$, 则能作一曲线 σ_0 与 a 相联, 且 $L_D(\sigma_0) = \rho_1 < \rho$. 作包含于 D 的多圆柱 $P(b,r)$, 又作 $P(b,\delta)$ 包含于 $P(b,r)$. 对任一点 $z \in P(b,\delta)$, 能以一曲线 σ 与 b 点相联如下: σ_1 是 z_1 平面的圆 $|z_1 - b_1| < r_1$ 内联结点 $b^{(1)} = (b_1, b_2, \cdots, b_n)$ 与 $b^{(2)} = (z_1, b_2, \cdots, b_n)$ 的非欧直线, $\cdots, \sigma_n$ 是 z_n 平面的圆 $|z_n - b_n| < r_n$ 内联结点 $b^{(n)} = (z_1, \cdots, z_{n-1}, b_n)$ 与 $b^{(n+1)} = z = (z_1, \cdots, z_{n-1}, z_n)$ 的非欧直线. 而命 $\sigma = \sigma_1 + \sigma_2 + \cdots + \sigma_n$, 如是

$$L_{P(b,r)}(\sigma) = D_{P(b,r)}(b^{(1)}, b^{(2)}) + \cdots + D_{P(b,r)}(b^{(n)}, b^{(n+1)}),$$

取 $\delta = (\delta_1, \cdots, \delta_n)$ 中的正数 δ_a 充分小, 可得

$$L_{P(b,r)}(\sigma) < \rho - \rho_1.$$

由 (v) 知

$$L_D(\sigma) < \rho - \rho_1.$$

此乃表示所有 $P(b,\delta)$ 的点皆包含于 $D(a,\rho)$, 故这是一开集.

反之, 如果 U 是 D 中的点 a 的邻域, 则必有一充分小之正数 ρ, 使得 $D(a,\rho) \subset U$. 实际上, D 是有界的, 可包含于一多圆柱

$$P(a,R) = \{|z_1 - a_1| < R, \cdots, |z_n - a_n| < R\}$$

中. 我们取 $P(a,\delta) \subset U$, 取 ρ 充分小, 使得对任一点 $b \notin P(a,\delta)$ 必有

$$D_D(a,b) \geqslant D_{P(a,R)}(a,b) = \max\left\{E\left(0, \frac{b_1 - a_1}{R}\right), \cdots, E\left(0, \frac{b_n - a_n}{R}\right)\right\} > \rho.$$

此乃表示 b 点不在 $D(a,\rho)$, 因为任一联 a 与 b 之有长曲线 σ 必适合 $L_D(\sigma) \geqslant D_D(a,b) > \rho$. 故 $D(a,\rho)$ 包含在 $P(a,\delta)$ 中, 从定理 3.4.2 可得

定理 3.4.3 若解析变换 S 映有界域 D 入 D^*, 把 $a \in D$ 映为点 a^*, 则域 $D(a,\rho)$ 之象 $D^*_\rho = SD(a,\rho)$ 包含于 $D^*(a^*,\rho)$ 中.

3.5 内部解析映照

把一域 D 映入其内部的解析变换称为域 D 的内部解析映照.[1]

[1] 现译为“全纯自映照 (holomorphic self-mapping)”. —— 校者注

定理 3.5.1　如果 $S_1, S_2, \cdots$ 为一串在有界域 D 收敛的内部解析映照, 把域 D 一一地映为自己者, 则其极限变换 S 或者是一一的解析变换把域 D 映为自己者. 或者是一蜕化的解析变换把 D 的点皆映为其边界点.

证　设 a 为 D 的任一点, $a^{(k)} = S_k a$, 并且 $a^{(k)}$ 收敛于点 a^*.

D 是一有界域, $\{S_k\}$ 成一正规族, 故 $\{S_k\}$ 在 D 连续收敛. 根据定理 3.2.2, 有两种可能的情形. 其一是 S 为一一的解析变换, 则 a^* 是 D 的内点. 视 $D, D, \cdots$ 为定理 3.3.2 的域串 $D_1^*, D_2^*, \cdots$, 则根据此定理知, $\{D_k^*\}$ 收敛于以 a^* 为基点的核, 即域 D, 并且 $D = SD$.

另一情形是 S 为蜕化的解析变换, 则 a^* 不能为 D 的内点, 否则 $D_k^* = S_k D$ 以 a^* 为基点的核是非空的, 则 S 不是蜕化的解析变换, 矛盾. 定理证明.

定理 3.5.2　设 S 是一一的解析变换, 把有界域 D 映为自己. 若 $S, S^2, S^3, \cdots$ 的收敛子串非全部蜕化, 即可从 $\{S^k\}$ 中选出一子串收敛于幺变换, 即恒同变换, 亦即把 D 任一点变为自己的变换.

证　根据假设, $\{S^k\}$ 有一子串 $S^{k_1}, S^{k_2}, \cdots$ $(k_1 < k_2 < \cdots)$ 在 D 收敛为一非蜕化的解析变换 T. 命 $p_m = k_{m+1} - k_m$, 这是正整数, 在变换串 $\{S^{p_m}\}_{m=1,2,\cdots}$ 中, 我们可选取一子串 $\{S^{p_{m_j}}\}_{j=1,2,\cdots}$, 在域 D 连续收敛为一解析变换 E.

T 是非蜕化的, 故必把 D 一一地映为自己, 对任一点 $a \in D$, 必有一点 $b \in D$, 使得 $a = Tb$. 命 $a^{(k_m)} = S^{k_m} b$, 则 $a^{(k_m)}$ 收敛为 a. 我们有

$$S^{p_{m_j}} a^{(k_{m_j})} = S^{k_{m_j+1}} S^{-k_{m_j}} a^{(k_{m_j})} = S^{k_{m_j+1}} b = a^{(k_{m_j+1})}.$$

由于 $\{a^{(k_{m_j})}\}$ 与 $\{a^{(k_{m_j+1})}\}$ 皆是 $\{a^{k_m}\}$ 的子串, 故当 $j \to \infty$ 时皆收敛为点 a, 所以

$$Ea = \lim_{j\to\infty} S^{p_{m_j}} a^{(k_{m_j})} = \lim_{j\to\infty} a^{(k_{m_j+1})} = a.$$

a 可以是 D 的任一点, 因此 E 是恒同变换. 定理证明.

定理 3.5.3　如果 S 为一解析变换, 把有界域 D 映入 D 内, 且把域 D 的点 a 固定不变, 则 S 在 a 点的函数行列式的绝对值 $\leqslant 1$. 在 a 点的函数行列式的绝对值等于 1 的充要条件为 S 把 D 一一地映为自己.

证　(i) 命 α 为变换 S 在点 a 的函数行列式之绝对值, 因 $S, S^2, \cdots$ 为一致有界, 故有一正数 N 使得

$$\alpha^k < N, \quad k = 1, 2, \cdots.$$

这首先必须

$$\alpha \leqslant 1.$$

如果 S 是一一变换, 则同法可证

$$\frac{1}{\alpha} \leqslant 1.$$

故 $\alpha=1$.

(ii) 现在要证明: 若 S 是一一的且 $\alpha=1$, 则 S 把 D 映为自己.

由假设知, $D_1=SD\subset D$, 若命 $D_k=S^kD$, 则有

$$D_1\supset D_2\supset\cdots. \tag{3.5.1}$$

从 $S,S^2,\cdots$ 中选取一子串 $S^{k_1},S^{k_2},\cdots$ 收敛为一变换 T. 由于 $\alpha^k=1$, T 是一一的解析变换 (定理 3.2.2), 把 D 映为一域 $D_0=TD\subset D$ 是域串

$$D_{k_1},D_{k_2},\cdots$$

的以 a 为基点的非空核 (定理 3.3.2).

由于变换串

$$S^{k_1+1},S^{k_2+1},\cdots$$

在 D 收敛为 TS, 而根据 (3.5.1), 易证域串

$$D_{k_1+1},D_{k_2+1},\cdots$$

的以 a 为基点的核亦为 D_0. 故由定理 3.3.2 知

$$TSD=D_0.$$

由此得

$$TSD=TD.$$

由于 T 是一一的变换, 故

$$SD=D.$$

(iii) 最后证明: 若 $\alpha=1$, 即 S 是一一的.

在 a 点有一邻域 U 使得 S 是一一的. 命 $D(a,\rho)$ 表 D 中的点能与 a 点以有长曲线 σ 相联而 $L_D(\sigma)<\rho$ 者所成的点集. 取 ρ 充分小, 使得

$$D(a,\rho)\subset U.$$

命 $D_\rho=SD(a,\rho)$, 由定理 3.4.3 知

$$D_\rho\subset D(a,\rho).$$

由于 S 在 $D(a,\rho)$ 是一一的, 应用 (ii) 的结果知

$$D_\rho=D(a,\rho).$$

点 a 在变换 S 下不变, 应用定理 3.5.1 及 3.5.2 于域 $D(a,\rho)$, 可从 $S,S^2,S^3,\cdots$ 中选出一子串 S^{k_m} 在 $D(a,\rho)$ 收敛于么变换 E. 根据定理 1.8.6 及 1.2.2 可知, 此子串在 D 亦收敛于么变换 E.

如果 a 与 b 为域 D 的两点, 使得

$$Sa=Sb,$$

则

$$S^{k_m}a=S^{k_m}b.$$

取 $m\to\infty$, 有

$$a=b,$$

故 S 是一一的. 定理完全证明.

定理 3.5.4 设 $\mathfrak{G}$ 为一域, 其闭包 $\overline{\mathfrak{G}}$ 包含于有界域 D 中者, a_0 为 D 的一点, S 是映 D 入其内部并把 a_0 点固定不变的任一变换, 则

(i) 存在一整数 $\omega_1<1$, 当解析变换 S 在 a_0 点的函数行列式的绝对值 $|\Delta(a_0)|>\omega_1$ 时, 变换 $S:\mathfrak{G}\to\mathfrak{G}^*$ 是一一的;

(ii) 存在一正数 $\omega_2<1$, 当 $|\Delta(a_0)|>\omega_2$ 时, $\mathfrak{G}$ 为域 D 中某一子域的 S 之一一映象.

证 (i) 如果定理中 (i) 的结论非真, 则有一趋于 1 的单调递增正数串 $\alpha_1,\alpha_2,\cdots$, 对任一 α_k 必有一解析变换 S_k 映 D 入其内部并把 a_0 点固定不变, 且其函数行列式适合

$$|\Delta_k(a_0)|>\alpha_k,$$

但 S_k 在 $\mathfrak{G}$ 非一一的. 根据定理 3.5.3 可知

$$\lim_{k\to\infty}|\Delta_k(a_0)|=1,$$

并且我们可取 $\{S_k\}$ 的子串 $S_{k_1},S_{k_2},\cdots$ 在 D 收敛. 其极限变换 S 必把 D 一一地映为自己, 因为 S 在 a_0 的充分小邻域 $D(a_0,\rho)$ 是一一的, 由定理 3.4.3, $S_kD(a_0,\rho)\subset D(a_0,\rho)$. 又由定理 3.2.1, 有一邻域 $U(a)\subset D(a_0,\rho)$, 使得 $k\geqslant k_0$ 时 S_kU 包含 $a^*=Sa$ 的一邻域 $U^*(a^*)$. 但

$$S_kU\subset S_kD(a_0,\rho)\subset D(a_0,\rho),$$

故 $U^*(a^*)\subset D(a_0,\rho)$, 即 a^* 是 D_0 的内点, 所以 S 把 $D(a_0,\rho)$ 映为 $D(a_0,\rho)$ (定理 3.5.3). 我们在 $D(a_0,\rho)$ 选一 $\{S^k\}$ 的子串 S^{l_m}, 在 D 它收敛为么变换 E. 如果 S 非一一, 则有 D 的不同的点 a 与 b 使 $Sa=Sb$, 由此知

$$S^{l_m}a=S^{l_m}b.$$

命 $m \to \infty$ 得 $a = b$. 矛盾. 故 S 是把 D 映入 D 的一一变换, 根据定理 3.5.3, S 把 D 映为自己.

由定理 3.2.3 知, 存在一正整数 m_0, 使得 $m \geqslant m_0$ 时, S_{k_m} 在 $\mathfrak{G}$ 是一一的. 矛盾.

(ii) 同样, 如果定理中 (ii) 的结论不能成立, 我们有一串把点 a_0 固定不变的解析变换 $S_1, S_2, \cdots$ 在 D 收敛为 S. S 把 D 一一地映为自己, 而任一 S_k 皆不能把 D 的一子域一一地映为 $\mathfrak{G}$.

命

$$\overline{K} = S^{-1}\overline{\mathfrak{G}}.$$

取一包含 $\overline{K}$ 的开集 U, 其闭包 $\overline{U}$ 包含于 D 者. 显然 SU 包含 $\overline{\mathfrak{G}}$.

由定理 3.2.3 知, 存在一正整数 k_0, 当 $k \geqslant k_0$ 时, S_k 在 U 是一一的.

对任一点 $a^* \in \overline{\mathfrak{G}}$, 必有一点 $a \in U$, 使得 $a^* = Sa$. 根据定理 3.2.1 知, 有一 a^* 的邻域 $U^*(a^*)$, 当 $k \geqslant N_a^*$ $(\geqslant k_0)$ 时, $U^*(a^*)$ 包含于所有 S_kU 之内. 所有这些邻域 $U^*(a^*), a^* \in \overline{\mathfrak{G}}$, 盖过 $\overline{\mathfrak{G}}$, 而根据 Heine-Borel 定理, 我们可以选出有限个如此的邻域 $U^*(a_1^*), U^*(a_2^*), \cdots, U^*(a_l^*)$ 把 $\overline{\mathfrak{G}}$ 盖过.

命

$$N_0 = \max\{N_{a_1^*}, \cdots, N_{a_l^*}\},$$

则当 $k \geqslant N_0$ 时, 所有 S_kU 包含 $\overline{\mathfrak{G}}$. 这与选择 S_k 时的假定矛盾.

3.6 Schwarz 引理

定理 3.4.1 在某种意义上是单复变数函数论的 Schwarz-Pick 定理的推广. 但没有从 Carathéodory 度量形式的 Schwarz-Pick 定理推得对映照函数的偏导数的估计, 并且不能如单复变数函数论一样, 从定理 3.4.1 中的等式成立推出变换 S 是一一地把 D 映为自己. 有人便考虑应用其他度量来推广 Schwarz 引理. 由于对任一有界域, Bergmann 度量皆存在, 这自然地考虑到应用 Bergmann 度量.

首先要注意的是单复变数几何函数论中所证明的不等式关系, 在多个复变函数论中往往要改变为两方阵的定正、半定正关系, 这是因为多复变数解析变换的映照函数是一组函数, 而此等函数的偏导数成一方阵. 故方阵的引进也是自然的事.

为简便起见, 我们以 Hermitian 方阵 $H > O$ 或 $H \geqslant O$ 分别表 H 是定正的或半定正的; $n \times n$ Hermitian 方阵 $A < B$ 与 $A \leqslant B$ 分别表 $B - A$ 是定正的或半定正的.

若 $a_{j\beta}(z)$ $(j = 1, \cdots, m; \beta = 1, \cdots, n)$ 是一组在域 D 可积的函数, 矩阵

$$A = \begin{pmatrix} a_{11} & \cdots & a_{1n} \\ \vdots & & \vdots \\ a_{m1} & \cdots & a_{mn} \end{pmatrix}$$

的积分 $\int_D A\dot{z}$ 表示对矩阵 A 的每一元素积分后所成的矩阵, 即

$$\int_D A\dot{z} = \begin{pmatrix} \int_D a_{11}\dot{z} \cdots \int_D a_{1n}\dot{z} \\ \cdots\cdots\cdots\cdots\cdots\cdots \\ \int_D a_{m1}\dot{z} \cdots \int_D a_{mn}\dot{z} \end{pmatrix}. \tag{3.6.1}$$

我们首先证明一个引理:

定理 3.6.1 (Schwarz 不等式的推广). 设 $\lambda(z) = (\lambda_1(z), \cdots, \lambda_n(z))$ 与 $\varphi(z) = (\varphi_1(z), \cdots, \varphi_n(z))$ 是两个 n 维向量, 它们的支量 $\lambda_\alpha(z)$ 与 $\varphi_\alpha(z)$ $(\alpha = 1, \cdots, n)$ 皆是在域 D 定义的绝对值平方可积的函数, 则恒有

$$\int_D \overline{\lambda}'\varphi\dot{z}\left(\overline{\int_D \overline{\lambda}'\varphi\dot{z}}\right)' \leqslant \int_D \varphi\overline{\varphi}'\dot{z}\int_D \overline{\lambda}'\lambda\dot{z}.$$

证 设 $u = (u_1, \cdots, u_n)$ 是一常数向量, 则有

$$\begin{aligned} & u\int_D \overline{\lambda}'\varphi\dot{z}\left(\overline{\int_D \overline{\lambda}'\varphi z}\right)'\overline{u}' = \int_D (u\overline{\lambda}')\varphi\dot{z}\int_D \overline{\varphi}'(\lambda\overline{u}')\dot{z} \\ =& \sum_{a=1}^{n}\left|\int_D (u\overline{\lambda}')\varphi_\alpha\dot{z}\right|^2 \leqslant \sum_{a=1}^{n}\int_D |\varphi_\alpha|^2\dot{z}\int_D |u\overline{\lambda}'|^2\dot{z} \\ =& \int_D \varphi\overline{\varphi}'\dot{z}\int_D u\overline{\lambda}'\lambda\overline{u}'\dot{z} = u\left(\int_D \varphi\overline{\varphi}'\dot{z}\int_D \overline{\lambda}'\lambda\dot{z}\right)\overline{u}'. \end{aligned}$$

故定理成立.

定理 3.6.2 设 $f(z) = (f_1(z), \cdots, f_n(z))$ 是在域 D 定义的一组函数, 其中每一 $f_\alpha(z)$ 皆是解析函数, 并且 $|f_1(z)|^2 + \cdots + |f_n(z)|^2 \leqslant M^2$, M 是一正常数, 则恒有

$$\frac{\partial f}{\partial z}\overline{\frac{\partial f'}{\partial z}} \leqslant M^2 T_D(z, \overline{z}),$$

其中 $T_D(z, \overline{z})$ 是域 D 的度量方阵 (见第 2.5 节), 而 $\dfrac{\partial f}{\partial z}$ 为函数方阵 [见 (2.5.5)].

证 命

$$\varphi_\alpha(z) = f_\alpha(z)K(z, \overline{t}\,), \quad \alpha = 1, \cdots, n, \tag{3.6.2}$$

其中 $K(z, \overline{t})$ 是域 D 的核函数, $t = (t_1, \cdots, t_n)$ 是域 D 的一固定点. 由于 $f_\alpha(z)$ 是有界的, $\varphi_\alpha(z)$ 对变数 z 是在域 D 绝对值平方可积的函数.

作函数

$$\lambda_\alpha(z)=K(z,\bar t\,)\frac{\partial K(t,\bar t)}{\partial \bar t_\alpha}-K(t,\bar t)\frac{\partial K(z,\bar t)}{\partial \bar t_\alpha},\quad \alpha=1,\cdots,n. \tag{3.6.3}$$

每一 $\lambda_\alpha(z)$ 对变数 z 也是在域 D 绝对值平方可积的函数.

由定理 2.3.2 知

$$\begin{aligned}&\int_D\overline{\lambda_\alpha(z)}\varphi_\beta(z)\dot z\\=&\frac{\partial K(t,\bar t)}{\partial t_\alpha}\int_D\varphi_\beta(z)K(t,\bar z)\dot z-K(t,\bar t)\int_D\varphi_\beta(z)\frac{\partial K(t,\bar z)}{\partial t_\alpha}\dot z\\=&\varphi_\beta(t)\frac{\partial K(t,\bar t)}{\partial t_\alpha}-K(t,\bar t\,)\frac{\partial\varphi_\beta(t)}{\partial t_\alpha}\\=&-K^2(t,\bar t)\frac{\partial}{\partial t_\alpha}\left[\frac{\varphi_\beta(t)}{K(t,\bar t)}\right]\\=&-K^2(t,\bar t)\frac{\partial f_\beta(t)}{\partial t_\alpha},\quad \alpha,\beta=1,\cdots,n.\end{aligned}$$

由此知

$$\begin{aligned}\int_D\overline{\lambda}'\varphi\dot z&=\begin{pmatrix}\int_D\overline{\lambda}_1\varphi_1\dot z&\cdots&\int_D\overline{\lambda}_1\varphi_n\dot z\\&\vdots&\\\int_D\overline{\lambda}_n\varphi_1\dot z&\cdots&\int_D\overline{\lambda}_n\varphi_n\dot z\end{pmatrix}\\&=-K^2(t,\bar t)\begin{pmatrix}\frac{\partial f_1}{\partial z_1}&\cdots&\frac{\partial f_n}{\partial z_1}\\&\vdots&\\\frac{\partial f_1}{\partial z_n}&\cdots&\frac{\partial f_n}{\partial z_n}\end{pmatrix}\\&=-K^2(t,\bar t)\frac{\partial f(t)}{\partial t}.\end{aligned}\tag{3.6.4}$$

同样, 由

$$\begin{aligned}\int_D\overline{\lambda_\alpha(z)}\lambda_\beta(z)\dot z=&\frac{\partial K(t,\bar t)}{\partial t_\alpha}\frac{\partial K(t,\bar t)}{\partial \bar t_\beta}\int_D K(z,\bar t)K(t,\bar z)\dot z\\&-K(t,\bar t)\frac{\partial K(t,\bar t)}{\partial \bar t_\beta}\int_D K(z,\bar t)\frac{\partial K(t,\bar z)}{\partial t_\alpha}\dot z\\&-K(t,\bar t)\frac{\partial K(t,\bar t)}{\partial t_\alpha}\int_D\frac{\partial K(z,\bar t)}{\partial \bar t_\beta}K(t,\bar z)\dot z\\&+K(t,\bar t)^2\int_D\frac{\partial K(z,\bar t)}{\partial \bar t_\beta}\frac{\partial K(t,\bar z)}{\partial t_\alpha}\dot z\end{aligned}$$

$$
\begin{aligned}
&= \frac{\partial K(t,\bar{t})}{\partial t_\alpha}\frac{\partial K(t,\bar{t})}{\partial \bar{t}_\beta}K(t,\bar{t}) - K(t,\bar{t})\frac{\partial K(t,\bar{t})}{\partial \bar{t}_\beta}\frac{\partial K(t,\bar{t})}{\partial t_\alpha} \\
&\quad - K(t,\bar{t})\frac{\partial K(t,\bar{t})}{\partial t_\alpha}\frac{\partial K(t,\bar{t})}{\partial \bar{t}_\beta} + K^2(t,\bar{t})\frac{\partial^2 K(t,\bar{t})}{\partial t_\alpha \partial \bar{t}_\beta} \\
&= K(t,\bar{t})\left(K(t,\bar{t})\frac{\partial^2 K(t,\bar{t})}{\partial t_\alpha \partial \bar{t}_\beta} - \frac{\partial K(t,\bar{t})}{\partial t_\alpha}\frac{\partial K(t,\bar{t})}{\partial \bar{t}_\beta}\right) \\
&= K^3(t,\bar{t})\frac{\partial^2 \log K(t,\bar{t})}{\partial t_\alpha \partial \bar{t}_\beta} \\
&= K^3(t,\bar{t})T_{\alpha\overline{\beta}}(t,\bar{t}), \quad \alpha,\beta = 1,\cdots,n,
\end{aligned}
$$

可知

$$
\begin{aligned}
\int_D \overline{\lambda}'\lambda\dot{z} &= \begin{pmatrix} \int_D \overline{\lambda}_1\lambda_1\dot{z} & \cdots & \int_D \overline{\lambda}_1\lambda_n\dot{z} \\ & \vdots & \\ \int_D \overline{\lambda}_n\lambda_1\dot{z} & \cdots & \int_D \overline{\lambda}_n\lambda_n\dot{z} \end{pmatrix} \\
&= K^3(t,\bar{t})\begin{pmatrix} T_{1\overline{1}}(t,\bar{t}) & \cdots & T_{1\overline{n}}(t,\bar{t}) \\ & \vdots & \\ T_{n\overline{1}}(t,\bar{t}) & \cdots & T_{n\overline{n}}(t,\bar{t}) \end{pmatrix} \\
&= K^3(t,\bar{t})T(t,\bar{t}).
\end{aligned} \tag{3.6.5}
$$

根据 (3.6.4), (3.6.5) 及定理 3.6.1 可得

$$
K^4(t,\bar{t})\frac{\partial f(t)}{\partial t}\overline{\frac{\partial f(t)}{\partial t}}' \leqslant K^3(t,\bar{t})T(t,\bar{t})\int_D \varphi\overline{\varphi}'\dot{z},
$$

此即

$$
\frac{\partial f(t)}{\partial t}\overline{\frac{\partial f(t)}{\partial t}}' \leqslant \frac{1}{K(t,\bar{t})}T(t,\bar{t})\int_D \varphi\overline{\varphi}'\dot{z}. \tag{3.6.6}
$$

由 (3.6.2) 知

$$
\begin{aligned}
\varphi\overline{\varphi}' &= |\varphi_1(z)|^2 + \cdots + |\varphi_n(z)|^2 \\
&= (|f_1(z)|^2 + \cdots + |f_n(z)|^2)|K(\overline{z},t)|^2 \\
&\leqslant M^2|K(z,\bar{t})|^2.
\end{aligned}
$$

故 (3.6.6) 变为

$$
\begin{aligned}
\frac{\partial f(t)}{\partial t}\overline{\frac{\partial f(t)}{\partial t}}' &\leqslant \frac{M^2}{K(t,\bar{t})}\left(\int_D |K(z,\bar{t})|^2\dot{z}\right)T(t,\bar{t}) \\
&= \frac{M^2}{K(t,\bar{t})}K(t,\bar{t})T(t,\bar{t}) = M^2T(t,\bar{t}).
\end{aligned}
$$

定理证明.

定理 3.6.3 设解析变换 S 把有界域 D 映为自己, 并且点 $a \in D$ 不变, 则映照函数的函数方阵在 a 点的特征根之绝对值皆 $\leqslant 1$. 所有特征根之绝对值皆等于 1 的充要条件为变换 S 把域 D 一一地映为自己.

证 不妨假定 a 为原点. 由于 D 是有界域, 存在一正数 M, 使得 S 的映照函数 $f(z) = (f_1(z), \cdots, f_n(z))$ 适合 $|f_1(z)|^2 + \cdots + |f_n(z)|^2 \leqslant M^2$. 由定理 3.6.2 知

$$\left(\frac{\partial f}{\partial z}\right)_{z=0} \left(\frac{\overline{\partial f}}{\partial z}\right)'_{z=0} \leqslant M^2 T(0,0).$$

由于 $T(0,0)$ 是一定正的常数的 Hermitian 方阵, 故存在一正数 μ, 使得

$$T(0,0) \leqslant \mu I.$$

如是有

$$A\overline{A}' \leqslant \mu M^2 I,$$

其中

$$A = \left(\frac{\partial f}{\partial z}\right)_{z=0}.$$

S^k 也是把 D 映入其内部且令原点不变的变换, 因之有

$$A^k \overline{A^k}' \leqslant \mu M^2 I. \tag{3.6.7}$$

习知存在酉方阵 U, 使得

$$A = U \Gamma \overline{U}', \tag{3.6.8}$$

其中 Γ 是一三角方阵, 设其为

$$\Gamma = \begin{pmatrix} \mu_1 & * & \cdots & * \\ 0 & \mu_2 & \cdots & * \\ \vdots & \vdots & \ddots & \vdots \\ 0 & 0 & \cdots & \mu_n \end{pmatrix},$$

这里 $\mu_1, \cdots, \mu_n$ 是 A 的特征根.

以 (3.6.8) 代入 (3.6.7) 得

$$U \Gamma^k \overline{\Gamma^k}' \overline{U}' \leqslant \mu M^2 I$$

或

$$\Gamma^k \overline{\Gamma^k}' \leqslant \mu M^2 I. \tag{3.6.9}$$

从

$$\Gamma^k = \begin{pmatrix} \mu_1^k & * & \cdots & * \\ 0 & \mu_2^k & \cdots & * \\ \vdots & \vdots & \ddots & \vdots \\ 0 & 0 & \cdots & \mu_n^k \end{pmatrix}$$

得知

$$\Gamma^k\overline{\Gamma^k}' = \begin{pmatrix} |\mu_1|^{2k} + \text{非负实数} & * & \cdots & * \\ * & |\mu_2|^{2k} + \text{非负实数} & \cdots & * \\ \vdots & \vdots & \ddots & \vdots \\ * & * & \cdots & |\mu_n|^{2k} \end{pmatrix}.$$

由 (3.6.9) 知必须

$$|\mu_1|^{2k} \leqslant \mu M^2, \cdots, |\mu_n|^{2k} \leqslant \mu M^2,$$

k 可以是任意的正整数, 因此必须

$$|\mu_1| \leqslant 1, \cdots, |\mu_n| \leqslant 1. \tag{3.6.10}$$

这证明了定理的第一部分.

从

$$|\det A| = |\mu_1| \cdots |\mu_n| \tag{3.6.11}$$

及 (3.6.10) 可知, $|\det A| = 1$ 的充要条件为

$$|\mu_1| = \cdots = |\mu_n| = 1.$$

但根据定理 3.5.3, $|\det A| = 1$ 的充要条件为 S 把域 D 一一地映为自己. 定理完全证明.

3.7 固 定 群

把一域 D 一一地映为自己的所有解析变换显然成一群 Γ, 这称为域 D 的解析自同胚群. 使域 D 的一点 a 不变的所有解析变换把 D 一一地映为自己者成一群 Γ_a, 称为点 a 的固定群[1]. Γ_a 是 Γ 的子群.

定理 3.7.1 设 Γ_a 是有界域 D 的点 a 的固定群, 则存在一非异的线性变换把 D 映为 D^* 并把点 a 映为原点, 使得 D^* 的固定群 Γ_0^* 的任一变换之映照函数 f_α^* 在原点的展式为

$$f_\alpha^*(z^*) = \sum_{\beta=1}^n u_{\beta\alpha} z_\beta^* + \text{高次项}, \quad \alpha = 1, \cdots, n,$$

[1] 现译为"迷向群 (isotropy group)". —— 校者注

其中 $U=(u_{\alpha\beta})_{1\leqslant\alpha,\beta\leqslant n}$ 是一酉方阵 (这个定理包含了 Γ_a 与酉群的一个紧致子群同构).

证 不妨假定 $a=(0,\cdots,0)$. 命 $T_D(z,\overline{z})$ 为域 D 的度量方阵, 习知存在非异的常数方阵 A, 使得

$$AT_D(0,0)\overline{A}'=I.$$

作线性变换 S:

$$z_\alpha^*=\sum_{\beta=1}^{n}A_{\beta\alpha}z_\beta,\quad \alpha=1,\cdots,n,$$

其中 $A^{-1}=(A_{\alpha\beta})_{1\leqslant\alpha,\beta\leqslant n}$. 设 S 把域 D 映为有界域 D^*, 此变换之函数方阵为

$$\frac{\partial z^*}{\partial z}=A^{-1}.$$

根据定理 2.5.2 知

$$T_{D^*}(0,0)=\left(\frac{\partial z^*}{\partial z}\right)_{z=0}^{-1}T_D(0,0)\left(\overline{\frac{\partial z^*}{\partial z}}\right)_{z=0}^{\prime-1}=I. \tag{3.7.1}$$

如果 T 是一 Γ_0 的变换, 则对应有一 Γ_0^* 的变换 $T^*=STS^{-1}$:

$$w_\alpha^*=f_\alpha(z^*),\quad \alpha=1,\cdots,n.$$

再应用定理 2.5.2,

$$T_{D^*}(z^*,\overline{z}^*)=\frac{\partial w^*}{\partial z^*}T_{D^*}(w^*,\overline{w}^*)\overline{\frac{\partial w^{*\prime}}{\partial z^*}}.$$

命 $z^*=0$, 则 $w^*=0$. 由 (3.7.1), 上式变为

$$I=\left(\frac{\partial w^*}{\partial z^*}\right)_{z^*=0}\left(\overline{\frac{\partial w^*}{\partial z}}\right)_{z^*=0}^{\prime},$$

此乃表示

$$\left(\frac{\partial w^*}{\partial z^*}\right)_{z^*=0}$$

是一酉方阵, 定理得证.

上面证明了 Γ_0^* 的任一变换 T^* 对应有一酉方阵 U^*, 此即 T^* 的函数方阵在 $z^*=0$ 的值. 显然所有这些 U^* 成一酉群的子群 $\mathfrak{g}$. 由定理 3.1.2 知不能有两个不同的 T^* 对应为同一的 U^*, 故 Γ_0^* 与 $\mathfrak{g}$ 同构, 若 $T_1^*,T_2^*,\cdots$ 是 Γ_0^* 的一串变换, 则可取一子串使之收敛为一解析变换 T^*. T^* 也使原点不变. 原点是 D^* 的内点, 由定理 3.5.1 知, T^* 也是一一地映 D 为自己, 故属于 Γ_0^*. 此乃表示 Γ_0^* 是紧致的, 故 $\mathfrak{g}$ 亦然.

若域 D 的解析自同胚群 Γ 包含下面的变换:

$$w_\alpha - a_\alpha = e^{i\theta}(z_\alpha - a_\alpha), \quad \alpha = 1, \cdots, n, \tag{3.7.2}$$

其中 θ 为任意的实数, $a = (a_1, \cdots, a_n)$ 为空间 $\mathbb{C}^n$ 的一固定点, 可以属于 D 也可以不属于 D, 则 D 称为以 a 为中心的圆型域. 若 a 属于 D, 则 D 称为包含其中心的圆型域, 此时 (3.7.2) 的变换是点 a 的固定群的一个子群.

定理 3.7.2　设 D 是包含其中心 $(0, \cdots, 0)$ 的有界圆型域, 则任一在 D 解析的函数 $f(z)$ 能在域 D 中展为级数

$$f(z) = P_0 + P_1(z) + \cdots + P_k(z) + \cdots,$$

其中 $P_k(z)$ 是 $z_1, \cdots, z_n$ 的 k 次齐次多项式. 此外能选取一组 $\mathfrak{L}^2(D)$ 的完备正交就范函数系 $\{\varphi_k(z)\}_{k=0,1\cdots,n}$, 使得每一 $\varphi_k(z)$ 皆是 $z_1, \cdots, z_n$ 的齐次多项式, 特别是 $\varphi_0(z) = \dfrac{1}{\sqrt{V(D)}}$, 其中 $V(D)$ 是域 D 的总体积.

证　取大于 1 的正数 r, 以原点为中心, 把域 D 收缩 $\dfrac{1}{r}$ 而得一域 D (此即经变换 $w_\alpha = \dfrac{1}{r} z_\alpha$ 而得的域. 注意 D_r 未必包含在 D 中). 显然 D_r 也是包含其中心 (即原点) 的圆型域. 因之若 $(z_1, \cdots, z_n) \in D_r$, 则 $(rz_1e^{i\theta}, \cdots, rz_ne^{i\theta}) \in D, 0 \leqslant \theta \leqslant 2\pi$.

作函数

$$\psi(z) = \frac{1}{2\pi i}\int_{|\tau|=r} f(z_1\tau, \cdots, z_n\tau)\frac{d\tau}{\tau - 1},$$

这是 D_r 中的解析函数.

当 z 在原点的充分小邻域中, 函数

$$\varphi(\tau) = f(z_1\tau, \cdots, z_n\tau)$$

是在 $|\tau| \leqslant r$ 解析的函数, 因此有

$$\psi(z) = \frac{1}{2\pi i}\int_{|\tau|=r} \varphi(\tau)\frac{d\tau}{\tau - 1} = \varphi(1) = f(z). \tag{3.7.3}$$

另一方面, 对任一点 $z \in D_r$,

$$\begin{aligned} \psi(z) &= \frac{1}{2\pi i}\int_{|\tau|=r} f(z_1\tau, \cdots, z_n\tau)\frac{d\tau}{\tau - 1} \\ &= \sum_{m=0}^{\infty} \frac{1}{2\pi i}\int_{|\tau|=r} f(z_1\tau, \cdots, z_n\tau)\frac{d\tau}{\tau^{m+1}}. \end{aligned} \tag{3.7.4}$$

此级数的每一项在 D_r 解析. 我们要证明其在 D_r 的任一紧致集 $\overline{P}_r$ 一致收敛. 实际上, 当 $(z_1,\cdots,z_n)\in\overline{P}_r$ 时, 由 $(z_1r,\cdots,z_nr)$ 所成的点集 $\overline{P}$ 是 D 的紧致集, D 是圆型域, 点集

$$\overline{Q}=\{(w_1e^{i\theta},\cdots,w_ne^{i\theta})|(w_1,\cdots,w_n)\in\overline{P},0\leqslant\theta\leqslant 2\pi\}$$

仍然是 D 的点集, 它是紧致的, 因为对它的任一点串 $(w_1^{(k)}e^{i\theta_k},\cdots,w_n^{(k)}e^{i\theta_k}),k=1,2,\cdots$, 我们能相应的在 $\overline{P}$ 中取一点串 $\{w^{(k_m)}\}$ 收敛为一点 $w^{(0)}\in\overline{P}$, 又能取一实数串 $\{\theta_{k_{m_j}}\}$ 收敛于 θ_0 $(0\leqslant\theta_0\leqslant 2\pi)$. 故 $\lim\limits_{j\to\infty}(w_1^{(k_{m_j})}e^{i\theta_{k_{m_j}}},\cdots,w_n^{(k_{m_j})}e^{i\theta_{k_{m_j}}})=(w_1^{(0)}e^{i\theta_0},\cdots,w_n^{(0)}e^{i\theta_0})$ 仍属 $\overline{Q}$. 此乃表示当 $z\in\overline{P}_r$ 时. $f(z_1\tau,\cdots,z_n\tau)$ $(\tau=re^{i\theta})$ 是有界的. 故级数 (3.7.4) 在 $\overline{P}_r$ 一致收敛, 因之 $\psi(z)$ 在 D_r 解析.

命

$$P_m(z)=\frac{1}{2\pi i}\int_{|\tau|=r}f(z_1\tau,\cdots,z_n\tau)\frac{d\tau}{\tau^{m+1}},$$

则 $P_m(z)$ 是 $z_1,\cdots,z_n$ 的 m 次齐次多项式, 因为易证把 z_α 换为 $z_\alpha e^{i\theta}$ 时有

$$\begin{aligned}P_m(ze^{i\theta})&=\frac{1}{2\pi i}\int_{|\tau|=r}f(z_1\tau e^{i\theta},\cdots,z_n\tau e^{i\theta})\frac{d\tau}{\tau^{m+1}}\\&=e^{im\theta}P_m(z),\quad 0\leqslant\theta\leqslant 2\pi.\end{aligned}$$

设

$$P_m(z)=\sum_{m_1+\cdots+m_n=m}a_{m_1\cdots m_n}z_1^{m_1}\cdots z_n^{m_n}.$$

由于 $f(z)$ 在原点的充分小邻域能展为幂级数, 而由 (3.7.3) 知, 在此邻域它恒等于 $\psi(z)$, 故由幂级数的唯一性定理 (定理 1.2.1) 知

$$A_{m_1\cdots m_n}=\frac{1}{m_1!\cdots m_n!}\left[\frac{\partial^{m_1+\cdots+m_n}f(z)}{\partial z_1^{m_1}\cdots\partial z_n^{m_n}}\right]_{z=0}.$$

此乃表示 $A_{m_1\cdots m_n}$ 与 r 无关, 亦即 $\psi(z)$ 在 D_r 的展式

$$\psi(z)=\sum_{m=0}^{\infty}P_m(z)$$

与 r 无关. 命 $r\to 1$, 便知 $\psi(z)$ 在 D 能展为上式. 但由 (3.7.3) 及定理 1.2.2, 在整个 D 中有 $\psi(z)\equiv f(z)$. 这证明了定理的第一部分.

注意, 上面的证明包含了 $\psi(z)$ 在域 $\widetilde{D}=\sum\limits_{0\leqslant r\leqslant 1}D_{1/r}$ 是解析的, 因此包含了

定理 3.7.3　设 D 为包含其中心的有界圆型域, $\widetilde{D}$ 为包含 D 的以原点为中心的最小星型域①, 则任一在 D 解析的函数必可解析展拓至 $\widetilde{D}$.

现在证明定理 3.7.2 的第二部分.

把 m 次单项式

$$z_1^{m_1}\cdots z_n^{m_n},\quad m_1+\cdots+m_n=m$$

排列成一 $\dfrac{(n+m-1)!}{m!(n-1)!}$ 维向量

$$z^{[m]}=(z_1^m,z_1^{m-1}z_2,\cdots,z_n^m),$$

则易证方阵

$$H_m=\int_D z^{[m]'}\overline{z^{[m]}}\dot{z}$$

是定正的, 因此有一非异的方阵 A_m, 使得

$$H_m=A_m'\overline{A}_m.$$

命

$$\varphi^{[m]}=z^{[m]}A_m^{-1},$$

则 $\varphi^{(m)}$ 的支量

$$\varphi_k^{(m)}(z),\quad k=1,2,\cdots,\frac{(n+m-1)!}{m!(n-1)!}$$

显然适合

$$\int_D \varphi_j^{(m)}(z)\overline{\varphi_k^{(m)}(z)}\dot{z}=\delta_{jk}. \tag{3.7.5}$$

如果函数系 $\varphi_j^{(m)}(z)\left(j=1,2,\cdots,\dfrac{(n+m-1)!}{m!(n-1)!},m=0,1,2,\cdots\right)$ 的每一个 $\varphi_j^{(m)}(z)$ 是 $z_1,\cdots,z_n$ 的 m 次齐次多项式, $\varphi_1^{(0)}$ 是常数, 必须等于 $1/\sqrt{V(D)}$. 这是一正交就范函数系, 根据 (3.7.5), 只要证明

$$\int_D \varphi_j^{(m)}(z)\overline{\varphi_k^{(l)}(z)}\dot{z}=0,\quad 当\, m\neq l. \tag{3.7.6}$$

根据假设, D 是圆型域, 因此对任意的实数 θ, 有

$$\begin{aligned}&e^{i(m-l)\theta}\int_D \varphi_j^{(m)}(z)\overline{\varphi_k^{(l)}(z)}\dot{z}\\&=\int_D \varphi_j^{(m)}(ze^{i\theta})\overline{\varphi_k^{(l)}(ze^{i\theta})}\dot{z}=\int_D \varphi_j^{(m)}(z)\overline{\varphi_k^{(l)}(z)}\dot{z}.\end{aligned}$$

---

① 以点 a 为中心的星型域 $\mathfrak{J}$, 即一域对其任一点 z, 所有适合 $w_\alpha-a_\alpha=r(z_\alpha-a_\alpha)$ $(0\leqslant r\leqslant 1)$ 的 w 点仍包含于 $\mathfrak{J}$ 者.

故 (3.7.6) 必定成立.

最后我们证明 $\{\varphi_j^{(m)}(z)\}$ 是完备的.

根据 $\varphi_j^{(m)}(z)$ 的定义, 任一 m 次齐次多项式 $P_m(z)$ 能表为

$$P_m(z)=\sum_{j=1}^{C_{m,n}}a_j^{(m)}\varphi_i^{(m)}(z),\quad C_{m,n}=\frac{(n+m-1)!}{m!(n-1)!}.$$

而根据定理 3.7.2 的第一部分知, 任一在 D 解析的函数 $f(z)$ 能在 D 中展为

$$f(z)=\sum_{m=0}^{\infty}\sum_{j=1}^{C_{m,n}}a_j^{(m)}\varphi_j^{(m)}(z).$$

我们只要证明, 如果 $f(z)\in\mathfrak{L}^2(D)$, 则必有

$$a_j^{(m)}=\int_D f(z)\overline{\varphi_j^{(m)}(z)}\dot{z}. \tag{3.7.7}$$

我们用一域串 $D_1,D_2,\cdots$ 逼近 D, 其中 $\overline{D}_k\subset D_{k+1}$. 我们不妨假定 D_k 皆是圆型域, 否则以圆型域 $D_k^*=\{ze^{i\theta}|z\in D_k,0\leqslant\theta\leqslant 2\pi\}$ 代替 D_k. 由于 $f(z)$ 的展式在 $\overline{D}_k$ 中一致收敛, 而 D_k 为圆型域, 因此

$$\begin{aligned}\int_{D_k}f(z)\overline{\varphi_j^{(m)}(z)}\dot{z}&=\sum_{l=0}^{\infty}\int_{D_k}P_l(z)\overline{\varphi_j^{(m)}(z)}\dot{z}\\&=\int_{D_k}P_m(z)\overline{\varphi_j^{(m)}(z)}\dot{z},\end{aligned}$$

其中 $P_l(z)$ 是 l 次齐次多项式. 根据 (3.7.5), 我们有

$$\lim_{k\to\infty}\int_{D_k}P_m(z)\overline{\varphi_j^{(m)}(z)}\dot{z}=\sum_{p=1}^{C_{m,n}}a_p^{(m)}\lim_{k\to\infty}\int_{D_k}\varphi_p^{(m)}\overline{\varphi_j^{(m)}}\dot{z}=a_j^{(m)}.$$

由此知 (3.7.7) 成立. 定理 3.7.2 完全证明.

定理 3.7.4 设 D 与 D^* 皆是包含原点为中心的有界圆型域, 则任一把 D 一一地映为 D^* 的解析变换 S 使中心互相对应者必为线性变换; 特别是把域 D 一一地映为自己使中心不变的解析变换必为线性变换.

证 设 S 的映照函数为

$$f_\alpha(z)=P_1^{(\alpha)}(z)+P_2^{(\alpha)}(z)+\cdots,\quad \alpha=1,\cdots,n, \tag{3.7.8}$$

其中 $P_m^{(\alpha)}(z)$ 为 m 次齐次多项式.

命 T_θ 表变换 $w_\alpha = e^{i\theta}z_\alpha$, 则变换 $S^* = ST_\theta S^{-1}$ 把 D^* 一一地映为自己而使原点不变, 其映照函数为如下之形式

$$w_\alpha^* = e^{i\theta}z_\alpha^* + \cdots, \quad \alpha = 1, \cdots, n.$$

由假设知, D^* 的原点的固定群包含变换 $T_\theta^*: w_\alpha^* = e^{i\theta}z_\alpha^*$. 由唯一性定理 (定理 3.1.2) 知, 必须 $S^* = T_\theta^*$. 由此知 $T_\theta^* S = ST_\theta$. 由 (3.7.8) 知, 后一变换的映照函数有如下之关系:

$$e^{i\theta}f_\alpha(z) = P_1^{(\alpha)}(z)e^{i\theta} + P_2^{(\alpha)}(z)e^{2i\theta} + \cdots,$$

θ 可以是任意的实数, 因此必须

$$f_\alpha(z) = P_1^{(\alpha)}(z), \quad \alpha = 1, \cdots, n.$$

定理证明.

若域 D 的解析自同胚群包含下面的变换:

$$w_\alpha - a_\alpha = e^{i\theta_\alpha}(z_\alpha - a_\alpha), \quad \alpha = 1, \cdots, n,$$

其中 $\theta_1, \cdots, \theta_n$ 为任意的实数, 点 $a = (a_1, \cdots, a_n)$ 可以属于 D 也可以不属于 D, 则 D 称为 Reinhardt 域, 而 a 称为中心. 显然 Reinhardt 域必定是圆型域.

定理 3.7.5　设 D 是包含原点为中心的有界 Reinhardt 域, 则任一在 D 解析的函数 $f(z)$ 能在域 D 展为幂级数

$$f(z) = \sum_{m_1, \cdots, m_n = 0}^{\infty} a_{m_1 \cdots m_n} z_1^{m_1} \cdots z_n^{m_n}.$$

此外, 能在 $\mathfrak{L}^2(D)$ 中选取一组完备的正交就范函数系 $\{\varphi_k(z)\}$, 使得每一 $\varphi_k(z)$ 皆是单项式.

此定理之证明方法如定理 3.7.2, 读者试自证之.

3.8 可 递 域

若对域 D 的任两点 a 与 b 存在域 D 的解析自同胚群 Γ 的变换把 a 点映为 b 点, 则 D 称为可递的或齐性的, Γ 称为域 D 的运动群. 显然, 如果域 D 的任一点 a 能以 Γ 的一变换映为域 D 的一固定点 $a^{(0)}$, 则 D 是可递的.

定理 3.8.1　若 D 为有界可递域包含原点者, $f_\alpha(z;t)$ 是把域 D 的 $t = (t_1, \cdots, t_n)$ 点映为原点的 Γ 中的变换之映照函数, 则域 D 的核函数

$$K(t, \bar{t}) = c\left|\det \frac{\partial f(z;t)}{\partial z}\right|^2_{z=t},$$

其中 $c=K(0,0)$. 特别, 若 D 是以原点为中心的圆型域, 则 $c=\dfrac{1}{V(D)}$, 其中 $V(D)$ 为域 D 的总体积.

证 根据定理 2.3.7 知

$$K(z,\overline{z})=K(f(z;t),\overline{f(z;t)})\left|\det\frac{\partial w}{\partial z}\right|^2.$$

命 $z=t$ 得

$$K(t,\overline{t})=K(0,0)\left|\det\frac{\partial w}{\partial z}\right|^2_{z=t}.$$

如果 D 是以原点为中心的圆型域, 根据定理 3.7.2 知 $K(0,0)=\dfrac{1}{V(D)}$. 定理证明①.

定理 3.8.2 如果 D 是一包含原点的有界可递域, 则对任一点 t, 域 D 的度量方阵有下列关系:

$$T(t,\overline{t})=\left(\frac{\partial f(z;t)}{\partial z}\right)_{z=t}T(0,0)\left(\overline{\frac{\partial f(z;t)}{\partial z}}\right)'_{z=t},$$

其中 $f(z;t)=(f_1(z;t),\cdots,f_n(z;t))$ 是 Γ 中把 t 映为原点的变换之映照函数.

此定理乃定理 2.5.2 的直接推论.

定理 3.8.3 设 D 是一有界可递域, S 是一解析变换映 D 入其内部, 若有一点 $z^{(0)}\in D$ 使得

$$ds^2(z^{(0)},\overline{z}^{(0)})=ds^2(w^{(0)},\overline{w}^{(0)}),$$

其中 $ds^2(z,\overline{z})$ 表域 D 的 Bergmann 度量 (见第 2.5 节) 在 z 点之值, 此处 $w^{(0)}=Sz^{(0)}$, 则 S 把域 D 一一地映为自己.

证 我们先指出, 如果定理在域 D 成立, 则对任一解析等价于 D 的域 D^* 亦成立. 实际上, 如果解析变换 $T:z^*=\varphi(z)$②把域 D 一一地映为 D^*, 则根据定理 2.5.2 知 $ds^2_D(z,\overline{z})=ds^2_{D^*}(z^*,\overline{z}^*)$. 如果变换 TST^{-1} 把 D^* 映入其内部, 若此变换把 D^* 一一地映为自己, 则 S 把 D 一一地映为自己; 反之亦然.

我们不妨假设 D 包含原点, 而 D 的度量方阵在原点的值等于 I, 否则我们可取一解析等价于 D 的域使之适合条件 (见定理 3.7.1 的证明).

不妨假定 S 把原点不变. 设 $S:w=f(z)$, 由定理之假设知

$$dz\left(\frac{\partial w}{\partial z}\right)_{z=z^{(0)}}T(w^{(0)},\overline{w}^{(0)})\left(\overline{\frac{\partial w}{\partial z}}\right)'_{z=z^{(0)}}d\overline{z}'=dzT(z^{(0)},\overline{z}^{(0)})d\overline{z'}.$$

① 此定理说明, 有界可递域的核函数可以不必从该域的完备正交就范函数系构造. 相反地, 可以从已知的核函数构造该域的完备正交就范系 (参阅陆启铿 [1], 第二章 §4).

② 今后为简单起见, 我们常以 $w=\varphi(z)$ 代表一变换, 此即 $w=(w_1,\cdots,w_n),\varphi(z)=(\varphi_1(z),\cdots,\varphi_n(z))$, 而 $w=\varphi(z)$ 包含了 $w_\alpha=\varphi_\alpha(z),\alpha=1,\cdots,n$.

对任一向量 $dz=(dz_1,\cdots,dz_n)$, 此即

$$\left(\frac{\partial w}{\partial z}\right)_{z=z^{(0)}} T(W^{(0)},\overline{W}^{(0)}) \left(\overline{\frac{\partial w}{\partial z}}\right)'_{z=z^{(0)}} = T(z^{(0)},\overline{z}^{(0)}). \tag{3.8.1}$$

命 $T_{z^{(0)}}$ 为 Γ 中的变换把 $z^{(0)}$ 点映为原点者, 其映照函数为 $\varphi(z;z^{(0)})=(\varphi_1(z;z^{(0)}),\cdots,\varphi_n(z;z^{(0)}))$.

根据定理 3.8.2 知

$$T(z^{(0)},\overline{z}^{(0)}) = \left(\frac{\partial\varphi(z;z^{(0)})}{\partial z}\right)_{z=z^{(0)}} \left(\frac{\overline{\partial\varphi(z;z^{(0)})}}{\partial z}\right)'_{z=z^{(0)}}$$

及

$$T(w^{(0)},\overline{w}^{(0)}) = \left(\frac{\partial\varphi(w;w^{(0)})}{\partial w}\right)_{w=w^{(0)}} \left(\frac{\overline{\partial\varphi(w;w^{(0)})}}{\partial w}\right)'_{w=w^{(0)}}.$$

由 (3.8.1) 可得

$$\begin{aligned}&\left(\frac{\partial\varphi(z;z^{(0)})}{\partial z}\right)^{-1}_{z=z^{(0)}} \left(\frac{\partial f(z)}{\partial z}\right)_{z=z^{(0)}} \left(\frac{\partial\varphi(w;w^{(0)})}{\partial w}\right)_{w=w^{(0)}}\\ &\times\left(\frac{\overline{\partial\varphi(w;w^{(0)})}}{\partial w}\right)'_{w=w^{(0)}} \left(\frac{\overline{\partial f(z)}}{\partial z}\right)'_{z=z^{(0)}} \left(\frac{\overline{\partial\varphi(z;z^{(0)})}}{\partial z}\right)'^{-1}_{z=z^{(0)}} = I.\end{aligned} \tag{3.8.2}$$

若命 $S^*=T_{w^{(0)}}ST^{-1}_{z^{(0)}}$, 则 S^* 是把 D 映入其内部且把原点固定不变的解析变换, 它在原点的函数行列式的值, 即方阵

$$\left(\frac{\partial\varphi(z;z^{(0)})}{\partial z}\right)^{-1}_{z=z^{(0)}} \left(\frac{\partial f(z)}{\partial z}\right)_{z=z^{(0)}} \left(\frac{\partial\varphi(w;w^{(0)})}{\partial w}\right)_{w=w^{(0)}}$$

的行列式之值, 由 (3.8.2) 知此方阵的行列式之绝对值等于 1. 根据定理 3.5.3 知, S^* 是把 D 一一地映为自己, 故 $S=T^{-1}_{w(0)}S^*T_{z^{(0)}}$ 亦然. 定理证明.

现在的问题是, 是否存在与 Bergmann 度量相对应的 Schwarz-Pick 定理, 即如果解析变换 S 把 D 映入其内部, 则恒有

$$ds^2(w,\overline{w}) \leqslant ds^2(z,\overline{z})?$$

这里有一反例. 命

$$P_2=\{|z_1|<1,|z_2|<1\}.$$

取正数

$$\varepsilon<\frac{\sqrt{2}-1}{2},$$

则变换

$$\begin{cases} w_1 = \dfrac{\sqrt{2}}{2}(1+\varepsilon)z_1 + \dfrac{\sqrt{2}}{2}\varepsilon z_2, \\ w_2 = -\dfrac{\sqrt{2}}{2}(1+\varepsilon)z_1 + \dfrac{\sqrt{2}}{2}\varepsilon z_2 \end{cases} \tag{3.8.3}$$

把 P_2 映入其内部, 因为

$$\begin{aligned} |w_1| &= \left|\frac{\sqrt{2}}{2}z_1 + \frac{\sqrt{2}}{2}\varepsilon(z_1+z_2)\right| \\ &\leqslant \frac{\sqrt{2}}{2}|z_1| + \frac{\sqrt{2}}{2}\varepsilon(|z_1|+|z_2|) \\ &< \frac{\sqrt{2}}{2} + \sqrt{2}\varepsilon < 1, \\ |w_2| &= \left|-\frac{\sqrt{2}}{2}z_1 + \frac{\sqrt{2}}{2}\varepsilon(-z_1+z_2)\right| \\ &\leqslant \frac{\sqrt{2}}{2}|z_1| + \frac{\sqrt{2}}{2}\varepsilon(|z_1|+|z_2|) < 1. \end{aligned}$$

在第 2.5 节例 (i) 中知道, 双圆柱 P_2 的度量方阵为

$$T(z,\overline{z}) = 2\begin{pmatrix} \dfrac{1}{(1-|z_1|^2)^2} & 0 \\ 0 & \dfrac{1}{(1-|z_2|^2)^2} \end{pmatrix},$$

故

$$T(0,0) = 2\begin{pmatrix} 1 & 0 \\ 0 & 1 \end{pmatrix}.$$

又变换 (3.8.3) 的函数方阵为

$$\frac{\partial W}{\partial z} = \begin{pmatrix} \dfrac{\sqrt{2}}{2}(1+\varepsilon) & -\dfrac{\sqrt{2}}{2}(1+\varepsilon) \\ \dfrac{\sqrt{2}}{2}\varepsilon & \dfrac{\sqrt{2}}{2}\varepsilon \end{pmatrix},$$

因此

$$\left(\frac{\partial W}{\partial z}\right)_{z=0} T(0,0) \left(\overline{\frac{\partial W}{\partial z}}\right)'_{z=0} = 2\begin{pmatrix} (1+\varepsilon)^2 & 0 \\ 0 & \varepsilon^2 \end{pmatrix} \not\leqslant 2\begin{pmatrix} 1 & 0 \\ 0 & 1 \end{pmatrix}.$$

此乃表示 Schwarz 引理不能在双圆柱成立.

但我们有下面的定理:

定理 3.8.4 如果有界域 D 是可递的, 则存在一正数 k 只与域 D 有关, 使得对任一有界域 $\mathfrak{g}$ 及任一把 $\mathfrak{g}$ 映入 D 的解析变换 S: $w=f(z)$, 恒有

$$\frac{\partial w}{\partial z}T_D(w,\overline{w})\overline{\frac{\partial w'}{\partial z}} \leqslant k^2 T_{\mathfrak{g}}(z,\overline{z}),$$

此即

$$d_{S_D^2}(w,\overline{w}) \leqslant k^2 ds_{\mathfrak{g}}^2(z,\overline{z}).$$

证 命域 D 的运动群 Γ 中把域 D 的点 $s=(s_1,\cdots,s_n)$ 映为一固定点 $w^{(0)}$ 的映照为 $w^*=\varphi(w;s), s=(s_1,\cdots,s_n)$, 则由定理 2.5.2 知

$$T_D(s,\overline{s}) = \left(\frac{\partial\varphi(w;s)}{\partial w}\right)_{w=s} T_D(w^{(0)},\overline{w}^{(0)}) \left(\overline{\frac{\partial\varphi(w;s)}{\partial w}}\right)'_{w=s}.$$

命 $\mu_D(w^{(0)})$ 为 $T_D(w^{(0)},\overline{w^{(0)}})$ 的最大特征根, 则

$$T_D(w^{(0)},\overline{w^{(0)}}) \leqslant \mu_D(w^{(0)})I.$$

由此得

$$T_D(s,\overline{s}) \leqslant \mu_D(w^{(0)}) \left(\frac{\partial\varphi(w;s)}{\partial w}\right)_{w=s} \left(\overline{\frac{\partial\varphi(w;s)}{\partial w}}\right)'_{w=s}. \tag{3.8.4}$$

定理假设 D 是有界的, 故存在一正数 M, 使得

$$\sum_{\alpha=1}^{n} |\varphi_\alpha(w;s)|^2 \leqslant M^2. \tag{3.8.5}$$

现在我们只考虑 D 中的点 s 是变换 S 的象点的情形, 设 s 为 $t=(t_1,\cdots,t_n)\in \mathfrak{g}$ 的象点, 即 $s=f(t)$, 由 (3.8.5) 知

$$\sum_{\alpha=1}^{n} |\varphi_\alpha(f(z);s)|^2 \leqslant M^2. \tag{3.8.6}$$

由于 $\varphi_\alpha(f(z);s)$ 是 z 的在 $\mathfrak{g}$ 的解析函数, 应用定理 3.6.2 知

$$\frac{\partial\varphi(f(z);s)}{\partial z}\overline{\frac{\partial\varphi(f(z);s)'}{\partial z}} \leqslant M^2 T_{\mathfrak{g}}(z,\overline{z}). \tag{3.8.7}$$

由于

$$\frac{\partial\varphi(f(z);s)}{\partial z} = \frac{\partial f(z)}{\partial z}\frac{\partial\varphi(w;s)}{\partial w},$$

以之代入 (3.8.7), 并命 $z=t$ 得

$$\frac{\partial f(t)}{\partial t}\left(\frac{\partial\varphi(w;s)}{\partial w}\right)_{w=s}\left(\overline{\frac{\partial\varphi(w;s)}{\partial w}}\right)'_{w=s}\overline{\frac{\partial f(t)'}{\partial t}} \leqslant M^2 T_{\mathfrak{g}}(t,\overline{t}). \tag{3.8.8}$$

应用 (3.8.4) 及 (3.8.8) 得

$$\begin{aligned}\frac{\partial f(t)}{\partial t}T_D(s,\bar{s})\frac{\overline{\partial f(t)'}}{\partial t} &\leqslant \mu_D(w^{(0)})\frac{\partial f(t)}{\partial t}\left(\frac{\partial\varphi(w;s)}{\partial w}\right)_{w=s}\left(\frac{\overline{\partial\varphi(w;s)}}{\partial w}\right)'_{w=s}\frac{\overline{\partial f(t)'}}{\partial t}\\ &\leqslant \mu_D(w^{(0)})M^2T_{\mathfrak{g}}(t,\bar{t}).\end{aligned}$$

我们取 $k=M\sqrt{\mu_{\mathfrak{g}}(w^{(0)})}$, 便有

$$\frac{\partial f(t)}{\partial t}T_D(s,\bar{s})\frac{\overline{\partial f(t)'}}{\partial t}\leqslant k^2T_{\mathfrak{g}}(t,\bar{t}).$$

t 可以是 $\mathfrak{g}$ 的任一点, 故定理得证.

特别当 $\mathfrak{g}=D$ 时, 使得定理 3.8.4 成立的最小正数 k 命之为 $k_0(D)$. $k_0(D)$ 是一解析不变量①, 即如果域 D^* 与 D 解析等价, 则

$$k_0(D)=k_0(D^*).$$

解析映照的基本问题是在解析等价下域的分类问题, 即确定两域在什么条件下解析等价, 这个问题还远没有解决. 在单复变的情形, 习知任一单连通区域边界上多于一点者解析等价于单位圆, 在多变数的情形就十分复杂了. 如 $n=2$, 双圆柱 $P_2=\{|z_1|<1,|z_2|<1\}$ 与单位超球 $S_2=\{|z_1|^2+|z_2|^2<1\}$ 皆是单连通的, 且彼此拓扑等价. 但根据 2.5 节例 (i) 与 (ii) 知, P_2 的酉曲率不是常数而 S_2 的酉曲率为常数, 又根据定理 2.5.4 知, P_2 与 S_2 非解析等价.

从上面的例知, P_2 与 S_2 不等价的判别是借助于酉曲率这个解析不变量. 我们知道的解析不变量愈多, 则判别两域是否不等价愈容易, 因为两域只要有一个解析不变量不相等便非等价. 但寻找一组完整的解析不变量, 即两域的此组不变量各个相等, 便足以判别此两域等价者, 是十分困难的问题.

关于域的解析等价下的分类问题, 比较好的结果是属于 É. Cartan 的② . 他考虑有界的对称域 (不一定要求单叶的), 即此域的任一点 a 有一解析自同胚变换 S_a, 把点 a 也只有点 a 固定不变, 而 $S_a\neq E$, 但 $S_a^2=E$. 他证明任一有界对称域必映为下面的域之一或它们的有限个拓扑乘积:

(i) 是 mn 个复变数 $z_{j\alpha}$ $(j=1,\cdots,m,\alpha=1,\cdots,n)$ 空间的域, 由关系式

$$I-Z\overline{Z}'>O$$

定义, 其中 $Z=(z_{j\alpha})_{1\leqslant j\leqslant m,1\leqslant\alpha\leqslant n}$ 是 $m\times n$ 矩阵;

① 参阅陆启铿 [2], [3].

② É. Cartan [1].

(ii) 是 $\frac{1}{2}p(p+1)$ 个复变数 $z_{\alpha\beta}=z_{\beta\alpha}$ $(\alpha,\beta=1,\cdots,p)$ 空间的域, 由关系式

$$I-Z\overline{Z}>O$$

定义, 其中 $Z=(z_{\alpha\beta})$ 是 $p\times p$ 对称方阵;

(iii) 是 $\frac{1}{2}q(q-1)$ 个复变数 $z_{\alpha\beta}=-z_{\beta\alpha}$ $(\alpha,\beta=1,\cdots,q)$ 空间的域, 由关系式

$$I+Z\overline{Z}>O$$

定义, 其中 $Z=(z_{\alpha\beta})$ 是 $q\times q$ 斜对称方阵;

(iv) 是 N 个复变数 z_α $(\alpha=1,\cdots,N)$ 空间的域, 由关系式

$$\begin{cases} 1+|zz'|^2-2z\overline{z}'>0, \\ 1-|zz'|>0 \end{cases}$$

定义, 其中 $z=(z_1,\cdots,z_N)$ 是一 N 维向量;

(v) 还有两个分别是 16 维与 27 维复空间的域, 还未具体定出.

É. Cartan 的结果证明, 要用到许多李群的知识. 这里不准备叙述.

不难证明, 一有界对称域必然是一可递域. 但反过来是否一有界可递域必是对称的呢? 这是著名的 É. Cartan 问题. 当复变数的数目 $n=1,2,3$ 时, É. Cartan 的猜想是对的. 但对一般的 n, 这猜想二十多年来没有解决, 直到最近苏联 Пятецкий-Шапиро [1] 在 $n=4,5$ 时举出反例, 他指出域

$$\frac{1}{i}(Z-\overline{Z})-u\overline{u}'-\overline{u}u'>O,\quad Z=\begin{pmatrix} z_1 & z_2 \\ z_2 & z_3 \end{pmatrix},\quad u=\begin{pmatrix} z_4 \\ 0 \end{pmatrix} \text{或} \begin{pmatrix} z_4 \\ z_5 \end{pmatrix}$$

是可递的, 解析等价于一有界域, 但非对称的. 他的证明要用到特征流形的性质. 陆启铿与许以超 [1] 在此基础上构造出 $n\geqslant 6$ 的反例, 证明方法仅是计算这些域的黎曼曲率, 指出它可以 $\geqslant 0$, 而对称空间的黎曼曲率必 <0. 这样同时对有界可递域的黎曼曲率必 $\leqslant 0$ 的一个猜想①也给以反例.

现在解析映照的重要问题便成为非对称的可递域的分类问题②.

另一颇重要的问题是: 如何判别一域是否可约, 即一域是否能解析等价于两较低维的域的拓扑积. 非可约的域称为不可约, 下面的定理有时可以用来帮助判别可约性.

① 华罗庚 [3].

② 在本书排版以后, 作者蒙 Какичев 同志赠送 Пятецкий-Шапиро 最近著作 “Геометрия классических областей и теория автоморфных функций”. 从这篇文章得知, 有界非对称可递域有很多例子, 陆启铿与许以超所举的例也包括其中. 此外, 该文作者称, 他已将有界可递域分类, 如果是这样, 那是解析映照的又一重大发展.

定理 3.8.5 设有界域 D 是 $z_1,\cdots,z_m$ 空间的域 D_1 与 $z_{m+1},\cdots,z_n$ 空间的域 D_2 的拓扑积, 并设域 D 容许单参数解析变换群

$$\overset{*}{z}_\alpha=\varphi_\alpha(z;t)=z_\alpha+\xi_\alpha(z)t+\cdots, \tag{3.8.9}$$

则此等解析变换必能书为下面的形式

$$\begin{aligned}\overset{*}{z}_j&=\varphi_j(z_1,\cdots,z_m;t),\quad j=1,\cdots,m,\\ \overset{*}{z}_{m+j}&=\varphi_{m+j}(z_{m+1},\cdots,z_n;t),\quad j=1,\cdots,n-m,\end{aligned}$$

其中第一组映照函数把 D_1 一一地映为自己, 而第二组把 D_2 一一地映为自己.

我们首先证明:

定理 3.8.6 若 D 是有界可递域, 则其 Ricci 曲率恒等于 -1.

证 不妨假定 D 包含原点. 命 $f(z;z^{(0)})$ 是把域 D 的 $z^{(0)}$ 点映为原点而使域 D 一一地映为自己的映照函数. 从定理 3.8.1 与 3.8.2 可得

$$K(z^{(0)},\overline{z}^{(0)})=c\left|\det\frac{\partial f(z;z^{(0)})}{\partial z}\right|^2_{z=z^{(0)}}$$

及

$$\det T(z^{(0)},\overline{z}^{(0)})=c_1\left|\det\frac{\partial f(z;z^{(0)})}{\partial z}\right|^2_{z=z^{(0)}},$$

其中 c 与 c_1 为常数. $z^{(0)}$ 可以是 D 的任一点, 故有

$$\frac{\partial^2\log K(z,\overline{z})}{\partial z_\alpha\partial\overline{z}_\beta}=\frac{\partial^2\log T(z,\overline{z})}{\partial z_\alpha\partial\overline{z}_\beta}.$$

根据定义上式即 (见 (2.5.1) 及 (2.5.25))

$$T_{\alpha\overline{\beta}}(z,\overline{z})=-R_{\alpha\overline{\beta}}(z,\overline{z}), \tag{3.8.10}$$

而 Ricci 曲率为

$$\frac{\displaystyle\sum_{\alpha,\beta=1}^n R_{\alpha\overline{\beta}}(z,\overline{z})dz_\alpha\overline{dz_\beta}}{\displaystyle\sum_{\alpha,\beta=1}^n T_{\alpha\overline{\beta}}(z,\overline{z})dz_\alpha\overline{dz_\beta}}=-1.$$

定理证明.

现在定理 3.8.5. 根据定理 2.7.1, (3.8.9) 是微分方程

$$\frac{dz_\alpha^*}{dt}=\xi_\alpha(z^*)$$

的解, 故我们只须证明 ξ_j 当 $j=1,\cdots,m$ 时只包含变数 $z_1,\cdots,z_m$ 而 ξ_{m+j} $(j=1,\cdots,n-m)$ 只包含变数 $z_{m+1},\cdots,z_n$, 定理便证明了. 又因 ξ_α 是解析函数, 我们不妨假定 D 包含原点, 而证明在原点的邻域有 $\xi_j=\xi_j(z_1,\cdots,z_m)$ $(j=1,\cdots,m)$, $\xi_{m+j}=\xi_{m+j}(z_{m+1},\cdots,z_n)$ $(j=1,\cdots,n-m)$ 便可以了. 这样我们有可能选择一适当的局部坐标, 使得证明方便一些.

由于 $D=D_1\times D_2$, 根据定理 2.3.6, 域 D 的核函数

$$K(z,\overline{z})=K_1(z^{(1)},\overline{z^{(1)}})K_2(z^{(2)},\overline{z^{(2)}}),\tag{3.8.11}$$

其中 K_1,K_2 分别是域 D_1,D_2 的核函数, $z^{(1)}=(z_1,\cdots,z_m),z^{(2)}=(z_{m+1},\cdots,z_n)$, 由此知

$$T_{\alpha\overline{\beta}}=\frac{\partial^2\log K}{\partial z_\alpha\partial\overline{z}_\beta}=\begin{cases}\dfrac{\partial^2\log K_1}{\partial z_\alpha\partial\overline{z}_\beta}=\overset{(1)}{T}_{\alpha\overline{\beta}}(z^{(1)},\overline{z^{(1)}}), & 当\alpha\leqslant m,\beta\leqslant m;\\ \dfrac{\partial^2\log K_2}{\partial z_\alpha\partial\overline{z}_\beta}=\overset{(2)}{T}_{\alpha\overline{\beta}}(z^{(2)},\overline{z^{(2)}}), & 当\alpha>m,\beta>m;\\ 0, & 非上述的两情形;\end{cases}\tag{3.8.12}$$

其中 $\overset{(1)}{T}_{\alpha\overline{\beta}}$ 是域 D_1 的度量方阵的元素, $\overset{(2)}{T}_{\alpha\overline{\beta}}$ 是域 D_2 的度量方阵的元素.

同理可有 Ricci 曲率张量的关系

$$R_{\alpha\overline{\beta}}=\frac{\partial^2\log\ \det T}{\partial z_\alpha\partial\overline{z}_\beta}=\begin{cases}\overset{(1)}{R}_{\alpha\overline{\beta}}, & 当\ \alpha\leqslant m,\beta\leqslant m;\\ \overset{(2)}{R}_{\alpha\overline{\beta}}, & 当\ \alpha>m,\beta>m;\\ 0, & 非上面之两情形.\end{cases}\tag{3.8.13}$$

根据定理 2.7.2, $\xi_\alpha(z)$ 必须满足 Killing 方程 (2.7.5). 根据 (3.8.12), 此方程能书为如下形式:

$$\sum_{j=1}^{m}\left(\frac{\partial\overset{(1)}{T}_{k\overline{l}}}{\partial z_j}\xi_j+\frac{\partial\overset{(1)}{T}_{k\overline{l}}}{\partial\overline{z}_j}\xi_j+\overset{(1)}{T}_{j\overline{l}}\frac{\partial\xi_j}{\partial z_k}+\overset{(1)}{T}_{k\overline{j}}\overline{\frac{\partial\xi_j}{\partial z_l}}\right)=0,$$
$$k,l=1,\cdots,m;$$

$$\sum_{j=m+1}^{n}\left(\frac{\partial\overset{(2)}{T}_{k\overline{l}}}{\partial z_j}\xi_j+\frac{\partial\overset{(2)}{T}_{k\overline{l}}}{\partial z_j}\xi_j+\overset{(2)}{T}_{j\overline{l}}\frac{\partial\xi_j}{\partial z_k}+\overset{(2)}{T}_{k\overline{j}}\overline{\frac{\partial\xi_j}{\partial z_l}}\right)=0,$$
$$k,l=m+1,\cdots,n;$$

$$\sum_{j=1}^{m}\overset{(1)}{T}_{j\overline{l}}\frac{\partial\xi_j}{\partial z_k}+\sum_{j=m+1}^{n}\overset{(2)}{T}_{k\overline{j}}\overline{\frac{\partial\xi_j}{\partial z_l}}=0,$$

$$l=1,\cdots,m,\quad k=m+1,\cdots,n. \tag{3.8.14}$$

我们不妨假定

$$\overset{(1)}{T}_{k\bar{l}}(0,0)=\delta_{lk},\quad k,l=1,\cdots,m,$$

否则可作 $z_1,\cdots,z_m$ 的线性变换使之如此. 又我们可作局部坐标变换 (2.7.11), 使得 (2.7.19) 成立 (ξ 选之为 0). 此即可以假定

$$\overset{(1)}{T}_{k\bar{l}}(z^{(1)},0)=\overset{(1)}{T}_{k\bar{l}}(0,0)=\delta_{kl},\quad k,l=1,\cdots,m. \tag{3.8.15}$$

同样, 可以假定

$$\overset{(2)}{T}_{k\bar{l}}(z^{(2)},0)=\overset{(2)}{T}_{k\bar{l}}(0,0)=\delta_{kl},\quad k,l=m+1,\cdots,n. \tag{3.8.16}$$

根据定理 1.2.4, 在方程 (3.8.14) 中, 在原点的充分小邻域把 z 与 $\bar{z}$ 看作两组独立的变数时仍然成立. 我们单独命 $\bar{z}=0$, 则由 (3.8.15) 与 (3.8.16) 知, (3.8.14) 的第三式为

$$\frac{\partial\xi_l(z)}{\partial z_k}+\left[\overline{\frac{\partial\xi_k(z)}{\partial z_l}}\right]_{z=0}=0,$$
$$l=1,\cdots,m,\quad k=m+1,\cdots,n,$$

此即

$$\frac{\partial\xi_l(z)}{\partial z_k}=a_{lk},\quad l=1,\cdots,m,k=m+1,\cdots,n, \tag{3.8.17}$$

其中 $a_{lk}=-\left[\overline{\dfrac{\partial\xi_k(z)}{\partial z_l}}\right]_{z=0}$ 为常数.

同理, 若命 $z=0$, 可有

$$\overline{\frac{\partial\xi_k(z)}{\partial z_l}}=b_{kl},\quad k=m+1,\cdots,n,l=1,\cdots,m, \tag{3.8.18}$$

其中 $b_{kl}=-\left[\dfrac{\partial\xi_l(z)}{\partial z_k}\right]_{z=0}$ 为常数.

以 (3.8.17) 与 (3.8.18) 代入 (3.8.14) 第三式得

$$\sum_{j=1}^{m}\overset{(1)}{T}_{j\bar{l}}(z^{(1)},\overline{z^{(1)}})a_{jk}+\sum_{j=m+1}^{n}\overset{(2)}{T}_{k\bar{j}}(z^{(2)},\overline{z^{(2)}})b_{jl}=0.$$

在上式对 $z_r\ (r=1,\cdots,m)$ 微分得

$$\sum_{j=1}^{m}\frac{\partial\overset{(1)}{T}_{j\bar{l}}}{\partial z_r}a_{jk}=0.$$

以 $\overset{(1)}{T}_{\bar{l}r}$ 乘上式, 对 r, l 从 1 至 m 而加之得

$$\sum_{j=1}^{m}\frac{\partial \log\det \overset{(1)}{T}}{\partial z_j}a_{jk}=0.$$

由此知

$$\sum_{j=1}^{m}\frac{\partial^2 \log\det \overset{(1)}{T}}{\partial z_j\partial \overline{z}_s}a_{jk}=0,\quad s=1,\cdots,m.$$

此即

$$\sum_{j=1}^{m}\overset{(1)}{R}_{j\overline{s}}a_{jk}=0,\quad s=1,\cdots,m,k=m+1,\cdots,n. \tag{3.8.19}$$

由于假设 D 是有界可递, 应用 (3.8.10) 知

$$R_{\alpha\overline{\beta}}=-T_{\alpha\overline{\beta}}.$$

由此及 (3.8.12) 与 (3.8.13) 得

$$\overset{(1)}{R}_{j\overline{s}}=-\overset{(1)}{T}_{j\overline{s}},\quad j,s=1,\cdots,m,$$
$$\overset{(2)}{R}_{j\overline{s}}=-\overset{(2)}{T}_{j\overline{s}},\quad j,s=m+1,\cdots,n.$$

因此 (3.8.19) 可书为

$$\sum_{j=1}^{m}\overset{(1)}{T}_{j\overline{s}}a_{jk}=0.$$

由于 $\overset{(1)}{T}$ 是定正的, 故必须

$$a_{jk}=0,\quad j=1,\cdots,m,k=m+1,\cdots,n.$$

同理可证

$$b_{kl}=0,\quad k=m+1,\cdots,n,l=1,\cdots,m.$$

以之代入 (3.8.17) 与 (3.8.18) 得

$$\frac{\partial \xi_l(z)}{\partial z_k}=\frac{\partial \xi_k(z)}{\partial z_l}=0,\quad l=1,\cdots,m,k=m+1,\cdots,n.$$

此乃表示 ξ_α 当 $\alpha=1,\cdots,m$ 时不包含 $z_{m+1},\cdots,z_n$, 而当 $\alpha=m+1,\cdots,n$ 时不包含 $z_1,\cdots,z_m$. 这证明了定理 3.8.5.

由于 H. Cartan [2] 曾证明有界可递域的解析变换群的连通部分是由单参数解析变换群生成, 因此, 如一有界可递域是两个较低维域的拓扑积, 则这些变换的映照函数必须为如下的形式:

$$w_j=\varphi_j(z_1,\cdots,z_m),\quad j=1,\cdots,m,$$
$$w_{m+j}=\varphi_{m+j}(z_{m+1},\cdots,z_n),\quad j=1,\cdots,n-m.$$

第 4 章　零点与奇异点

4.1 Weierstrass 预备定理

命 $\mathcal{O}_a^n = \mathcal{O}_a^n(z)$ 表示在 $\mathbb{C}^n$ 的点 $a = (a_1, \cdots, a_n)$ 的一邻域 (不是固定的) 内所有收敛的 $z_1, \cdots, z_n$ 的 n 重幂级数的全体, 亦即所有在点 a 解析的函数. 如果 $a = (0, \cdots, 0)$, 我们简单地书 $\mathcal{O}_a^n$ 为 $\mathcal{O}^n$. 这里顺便提及, $\mathcal{O}_a^n$ 的元素对于普通的加法与乘法成一交换环, 它有么元素 1 而无零除数①[1]．

设 $P(z) \in \mathcal{O}^n$, 我们把它写为

$$P(z) = \sum_{\nu=0}^{\infty} P_\nu(z_2, \cdots, z_n) z_1^\nu$$

时, z_1^ν 的系数 $P_\nu(z_2, \cdots, z_n)$ 是代表 $z_2, \cdots, z_n$ 在原点一邻域收敛的幂级数.

定理 4.1.1 (Späth 定理). 设已与 $\mathcal{O}^n$ 的元素

$$P(z_1, \cdots, z_n) = \sum_{\nu=0}^{\infty} P_\nu(z_2, \cdots, z_n) z_1^\nu, \tag{4.1.1}$$

其中

$$\left.\begin{aligned} &P_\nu(0, \cdots, 0) = 0, \quad \nu = 0, 1, \cdots, k-1; \\ &P_k(0, \cdots, 0) = \chi \neq 0; \end{aligned}\right\} \tag{4.1.2}$$

则对任一 $\mathcal{O}^n$ 的元素

$$B(z) = \sum_{\nu=0}^{\infty} B_\nu(z_2, \cdots, z_n) z_1^\nu, \tag{4.1.3}$$

在 $\mathcal{O}^n$ 中存在唯一的

$$Q(z) = \sum_{\nu=0}^{\infty} Q_\nu(z_2, \cdots, z_n) z_1^\nu \tag{4.1.4}$$

及

$$H(z) = \sum_{\nu=0}^{k-1} H_\nu(z_2, \cdots, z_n) z_1^\nu, \tag{4.1.5}$$

其中

$$H_\nu(0, \cdots, 0) = -B_\nu(0, \cdots, 0), \quad \nu = 0, \cdots, k-1, \tag{4.1.6}$$

① 即对于 $\mathcal{O}_a^n$ 中任意两个元素 α 与 β, 如果 $\alpha\beta = 0$, 那么 $\alpha = 0$ 或者 $\beta = 0$.

[1] 现译为“无零因子 (non-zero-divisor)”. —— 校者注

使得

$$Q(z)P(z) - B(z) \equiv H(z). \tag{4.1.7}$$

证　我们不妨假设 $\chi = 1$.

(i) 我们首先证明, 幂级数 Q 与 H 的系数可以根据恒等式 (4.1.7) 而由 P 与 B 的系数唯一确定.

在 (4.1.7) 中, 比较 z_1^ν 的系数得

$$\sum_{\mu=0}^{\nu} Q_\mu P_{\nu-\mu} - B_\nu \equiv H_\nu, \quad \nu = 0, 1, \cdots, k-1, \tag{4.1.8}$$

$$\sum_{\mu=0}^{\nu} Q_\mu P_{\nu-\mu} - B_\nu \equiv 0, \quad \nu \geqslant k, \tag{4.1.9}$$

下面我们将证明, 从恒等式 (4.1.9) 便足以把幂级数 Q_ν $(\nu = 0, 1, \cdots)$ 的系数全部而且唯一地确定. 以之代入 (4.1.8), 于是 H_ν 也唯一地确定了. 并且命 $z_2 = \cdots = z_n = 0$ 时, 由 (4.1.8) 得出 (4.1.6).

命

$$P_\nu = \sum_{\alpha=0}^{\infty} P_{\nu\alpha}(z_2, \cdots, z_n),$$
$$Q_\nu = \sum_{\alpha=0}^{\infty} Q_{\nu\alpha}(z_2, \cdots, z_n),$$
$$B_\nu = \sum_{\alpha=0}^{\infty} B_{\nu\alpha}(z_2, \cdots, z_n), \quad \nu = 0, 1, \cdots.$$

其中 $P_{\nu\alpha}, Q_{\nu\alpha}, B_{\nu\alpha}$ 是 $z_2, \cdots, z_n$ 的 α 次齐次多项式. 此时条件 (4.1.2) 即

$$\left.\begin{array}{l} P_{\nu 0} = 0, \quad \nu = 0, 1, \cdots, k-1; \\ P_{k0} = 1. \end{array}\right\} \tag{4.1.2$'$}$$

由 (4.1.9) 知

$$\begin{aligned}\sum_{\lambda=0}^{\infty} B_{\nu\lambda} &\equiv \sum_{\mu=0}^{\nu} \sum_{\alpha=0}^{\infty} Q_{\mu\alpha} \sum_{\beta=0}^{\infty} P_{\nu-\mu,\beta} \\ &\equiv \sum_{\mu=0}^{\nu} \sum_{\lambda=0}^{\infty} \sum_{\alpha=0}^{\lambda} Q_{\mu\alpha} P_{\nu-\mu,\lambda-\alpha}.\end{aligned}$$

比较上式的齐 λ 次项, 并利用条件 (4.1.2)$'$ 得

$$B_{\nu\lambda} \equiv \sum_{\mu=0}^{\nu} \sum_{\alpha=0}^{\lambda} Q_{\mu\alpha} P_{\nu-\mu,\lambda-\alpha}$$

$$\equiv \sum_{\mu=0}^{\nu}\sum_{\alpha=0}^{\lambda-1} Q_{\mu\alpha}P_{\nu-\mu,\lambda-\alpha} + \sum_{\mu=0}^{\nu} Q_{\mu\lambda}P_{\nu-\mu,0}$$
$$\equiv \sum_{\mu=0}^{\nu}\sum_{\alpha=0}^{\lambda-1} Q_{\mu\alpha}P_{\nu-\mu,\lambda-\alpha} + \sum_{\mu=0}^{\nu-k-1} Q_{\mu\lambda}P_{\nu-\mu,0} + Q_{\nu-k,\lambda}.$$

以 ν 换为 $\nu+k$ 得

$$Q_{\nu\lambda} \equiv B_{\nu+k,\lambda} - \sum_{\mu=0}^{\nu+k}\sum_{\alpha=0}^{\lambda-1} Q_{\mu\alpha}P_{\nu-\mu+k,\lambda-\alpha} - \sum_{\mu=0}^{\nu-1} Q_{\mu\lambda}P_{\nu-\mu+k,0}. \tag{4.1.10}$$

由上式可见, $\nu=0,\lambda=0$ 时

$$Q_{00} = B_{k_0}.$$

此乃表示 Q_{00} 唯一地被 $B(z)$ 所决定.

命 $\lambda=0$, (4.1.10) 变为

$$Q_{\nu 0} \equiv B_{\nu+k,0} - \sum_{\mu=0}^{\nu-1} Q_{\mu 0}P_{\nu-\mu+k,0}.$$

由于 Q_{00} 已被 $B(z)$ 所唯一决定, 上式表示, 当 $Q_{00},Q_{10},\cdots,Q_{\nu-1,0}$ 已确定时, $Q_{\nu 0}$ 也确定. 因之所有 $Q_{\nu 0}$ 唯一地确定.

假定 $Q_{\nu 0},Q_{\nu 1},\cdots,Q_{\nu,\lambda-1}$ $(\nu=0,1,\cdots)$ 都已确定, 由 (4.1.10) 知, $Q_{0\lambda}$ 唯一确定, 并且 $Q_{\nu\lambda}$ 当 $Q_{0\lambda},\cdots,Q_{\nu-1,\lambda}$ 唯一确定后也唯一地被确定. 因此所有 $Q_{\nu\lambda}$ 都被 $B(z)$ 和 $P(z)$ 唯一地确定.

(ii) 现在证明 $Q(z)$ 与 $H(z)$ 在原点的某一邻域收敛. 由 (4.1.8) 知, 我们只要证明 $Q(z)$ 收敛.

因为 $P(z)$ 与 $B(z)$ 在原点的一邻域收敛, 且在一闭邻域

$$|z_1|\leqslant\sigma, |z_2|\leqslant\rho,\cdots,|z_n|\leqslant\rho$$

绝对收敛与一致收敛, 因此有一正数 M, 使得在此邻域内

$$|P_{\nu\alpha}(z_2,\cdots,z_n)z_1^{\nu}| < M,$$
$$|B_{\nu\alpha}(z_2,\cdots,z_n)z_1^{\nu}| < M.$$

取 $z_1=\sigma$ 得

$$\left.\begin{aligned} |P_{\nu\alpha}(z_2,\cdots,z_n)| &< \frac{M}{\sigma^{\nu}}, \\ |B_{\nu\alpha}(z_2,\cdots,z_n)| &< \frac{M}{\sigma^{\nu}}. \end{aligned}\right\} \tag{4.1.11}$$

此式当 $z_2, \cdots, z_n$ 在闭多圆柱 A_ρ:

$$|z_2| \leqslant \rho, \cdots, |z_n| \leqslant \rho$$

皆成立.

我们要证明, 对所有的 $\nu, \lambda = 0, 1, 2, \cdots, Q_{\nu\lambda}(z_2, \cdots, z_n)$ 在 A_ρ 适合

$$|Q_{\nu\lambda}(z_2, \cdots, z_n)| < \frac{K}{\sigma^k}\left(\frac{d}{\sigma}\right)^\nu c^\lambda, \tag{4.1.12}$$

其中

$$\left.\begin{aligned} &d > \frac{2M}{\sigma^k} + 1, \quad c > d^{k+1} + 1, \\ &K > \max\left\{M, \frac{(d-1)M\sigma^k}{(d-1)\sigma^k - 2M}\right\}. \end{aligned}\right\} \tag{4.1.13}$$

由于 $Q_{00} = B_{k0}$, (4.1.12) 显然成立. 而所有的 $Q_{\nu\lambda}$ 是由公式 (4.1.10) 递推而得, 因此只要证明: 如果 (4.1.10) 右端出现的 $Q_{\mu\alpha}$ 皆适合 (4.1.12), 则 (4.1.10) 的左端的 $Q_{\nu\lambda}$ 亦适合 (4.1.12).

根据 (4.1.10) 及 (4.1.11)

$$\begin{aligned} |Q_{\nu\lambda}| &< \frac{M}{\sigma^{\nu+k}} + \sum_{\mu=0}^{\nu+k}\sum_{\alpha=0}^{\lambda-1}\frac{K}{\sigma^k}\left(\frac{d}{\sigma}\right)^\mu c^\alpha \frac{M}{\sigma^{\nu-\mu+k}} \\ &\quad + \sum_{\mu=0}^{\nu-1}\frac{K}{\sigma^k}\left(\frac{d}{\sigma}\right)^\mu c^\lambda \frac{M}{\sigma^{\nu-\mu+k}} \\ &= \frac{M}{\sigma^{\nu+k}} + \frac{KM}{\sigma^{\nu+2k}}\sum_{\mu=0}^{\nu+k}\sum_{\alpha=0}^{\lambda-1} d^\mu c^\alpha + \frac{KM}{\sigma^{\nu+2k}}\sum_{\mu=0}^{\nu-1} d^\mu c^\lambda \\ &= \frac{M}{\sigma^{\nu+k}} + \frac{KM}{\sigma^{\mu+2k}}\frac{d^{\nu+k+1}-1}{d-1}\frac{c^\lambda - 1}{c-1} + \frac{KM}{\sigma^{\nu+2k}}\frac{d^\nu - 1}{d-1}c^\lambda \\ &< \frac{M}{\sigma^{\nu+k}} + \frac{KMd^{\nu+k+1}c^\lambda}{\sigma^{\nu+2k}(d-1)(c-1)} + \frac{KMd^\nu c^\lambda}{\sigma^{\nu+2k}(d-1)} \\ &= \frac{K}{\sigma^k}\left(\frac{d}{\sigma}\right)^\nu c^\lambda\left(\frac{M}{Kd^\nu c^\lambda} + \frac{Md^{k+1}}{\sigma^k(d-1)(c-1)} + \frac{M}{\sigma^k(d-1)}\right). \end{aligned}$$

根据 (4.1.13) 知

$$\begin{aligned} &\frac{M}{Kd^\nu c^\lambda} + \frac{Md^{k+1}}{\sigma^k(d-1)(c-1)} + \frac{M}{\sigma^k(d-1)} \\ &< \frac{(d-1)\sigma^k - 2M}{(d-1)\sigma^k} + \frac{2M}{\sigma^k(d-1)} = 1, \end{aligned}$$

因此 (4.1.12) 恒成立.

我们取多圆柱

$$|z_1| < \theta\frac{\sigma}{d}, |z_2| < \frac{\theta\rho}{c}, \cdots, |z_n| < \frac{\theta\rho}{c}, \quad 0 < \theta < 1. \tag{4.1.14}$$

显然当 z 在 (4.1.14) 时, $\frac{cz_2}{\theta}, \cdots, \frac{cz_n}{\theta}$ 是 A_ρ 的点. 由于 $Q_{\nu\lambda}(z_2, \cdots, z_n)$ 是 $z_2, \cdots, z_n$ 的齐 λ 次多项式, 根据 (4.1.12), 我们有

$$\begin{aligned}|Q_{\nu\lambda}(z_2, \cdots, z_n)z_1^\nu| &\leqslant \left|Q_{\nu\lambda}\left(\frac{cz_2}{\theta}, \cdots, \frac{cz_n}{\theta}\right)\right| \frac{\theta^{\lambda+\nu}\sigma^\nu}{c^\lambda d^\nu} \\ &< \frac{K}{\sigma^k}\left(\frac{d}{\sigma}\right)^\nu c^\lambda \frac{\theta^{\lambda+\nu}\sigma^\nu}{c^\lambda d^\nu} = \frac{K\theta^{\lambda+\nu}}{\sigma^k}.\end{aligned}$$

此乃表示级数 $\sum\limits_{\nu,\lambda=0}^{\infty} |Q_{\nu\lambda}(z_2, \cdots, z_n)z_1^\nu|$ 一致收敛, 因之级数

$$Q(z) = \sum_{\nu=0}^{\infty}\sum_{\lambda=0}^{\infty} Q_{\nu\lambda}(z_2, \cdots, z_n)z_1^\nu$$

在 (4.1.14) 绝对收敛并一致收敛. 定理证明.

在定理 4.1.1 中, 我们特别取

$$B(z) = z_1^k,$$

此时 $Q_{00} = B_{k0} = 1$, 故 $Q(0) = 1$. 因此在 $z = 0$ 的充分小邻域内, 函数

$$u(z) = \frac{1}{Q(z)}$$

解析且不取零值. 于是可书 (4.1.7) 为

$$P(z) = (B(z) + H(z))u(z),$$

其中

$$B(z) + H(z) = z_1^k + H_{k-1}(z_2, \cdots, z_n)z_1^{k-1} + \cdots + H_0(z_2, \cdots, z_n).$$

此外, 由 (4.1.6) 可知

$$H_\nu(0, \cdots, 0) = 0, \quad \nu = 0, \cdots, k-1.$$

于是我们得

定理 4.1.2 (Weierstrass 预备定理). 如果 $P(z)$ 在原点的邻域解析, 且

$$P(0)=0,\quad P(z_1,0,\cdots,0)=\chi z_1^k+\cdots,\quad \chi\neq 0, \tag{4.1.15}$$

则存在唯一的分解式

$$P(z)=\left[z_1^k+H_{k-1}(z_2,\cdots,z_n)z_1^{k-1}+\cdots+H_0(z_2,\cdots,z_n)\right]u(z),$$

其中 H_ν $(\nu=0,1,\cdots,k-1)$ 在 $z_2,\cdots,z_n$ 的原点邻域解析且

$$H_\nu(0,\cdots,0)=0,\quad \nu=0,\cdots,k-1,$$

而 $u(z)$ 在 $z_1,\cdots,z_n$ 的原点一邻域中解析且不取 0 值.

现在我们证明, 对于在原点解析的函数 $P(z)$, 如果

$$P(0)=0,\quad 但\quad P(z)\not\equiv 0,$$

则可作一非异的线性变换, 使得经变换后有

$$P(z_1,0,\cdots,0)=\chi z_1^k+\cdots,\quad \chi\neq 0.$$

这样的函数称为在原点对变数 z_1 正规化.

定理 4.1.3 设 $f^{(1)}(z),\cdots,f^{(l)}(z)$ 皆是在原点解析的函数, 且皆不恒为 0, 则存在一非异的线性变换, 使得所有这些函数皆在原点对变数 z_1 正规化.

证 设 U 是原点的一邻域, 所有 $f^{(j)}(z)$ $(j=1,\cdots,l)$ 在 U 皆能展为

$$f^{(j)}(z)=f^{(j)}_{k_j}(z)+f^{(j)}_{k_j+1}(z)+\cdots,\quad j=1,\cdots,l,$$

其中 $f^{(j)}_{k_j+m}(z)$ 是 $z_1,\cdots,z_n$ 的 k_j+m 次齐次多项式, 且

$$f^{(j)}_{k_j}(z)\not\equiv 0,\quad j=1,\cdots,l.$$

由于 $f^{(1)}_{k_1}(z)\not\equiv 0$, 在 U 中必有一点 $a^{(0)}$ 使得 $f^{(1)}_{k_1}(a^{(0)})\neq 0$, 因此有一 $a^{(0)}$ 的邻域 $U_1\subset U$, 使 $f^{(1)}_{k_1}(z)\neq 0$. $f^{(2)}_{k_2}(z)$ 在 U_1 中不能恒等于 0, 同样可证，有一非空开集 $U_2\subset U_1$, 使得在 U_2 中 $f^{(2)}_{k_2}(z)\neq 0$. 如此继续, 我们有一非空开集 $U_k\subset U$, 在其中所有 $f^{(1)}_{k_1}(z),\cdots,f^{(1)}_{k_l}(z)$ 皆不取 0 值. 特别是有一点 $a=(a_1,\cdots,a_n)\in U$, 使得

$$f^{(1)}_{k_1}(a)\neq 0,\cdots,f^{(l)}_{k_l}(a)\neq 0,$$

而 a 非原点.

由于存在以 $a_1,\cdots,a_n$ 为第一行的非异方阵, 故存在下面形式的非异线性变换:

$$\begin{cases} z_1 = a_1 w_1 + \cdots, \\ \qquad \vdots \\ z_n = a_n w_1 + \cdots. \end{cases}$$

由于 $f_{k1}^{(1)}(z)$ 是 $z_1,\cdots,z_n$ 的齐次多项式, 故有

$$f_{k_1}^{(1)}(z) = f_{k_1}^{(1)}(a) w_1^{k_1} + \cdots, \quad f_{k_1}^{(1)}(a) \neq 0.$$

同样有

$$f_{k_2}^{(2)}(z) = f_{k_2}^{(2)}(a) w_1^{k_2} + \cdots, \quad f_{k_2}^{(2)}(a) \neq 0,$$
$$\vdots$$
$$f_{k_l}^{(l)}(z) = f_{k_l}^{(l)}(a) w_1^{k_l} + \cdots, \quad f_{k_l}^{(l)}(a) \neq 0.$$

定理证明.

下面形式的函数:

$$\pi(z) = z_1^k + H_{k-1}(z_2,\cdots,z_n) z_1^{k-1} + \cdots + H_0(z_2,\cdots,z_n), \tag{4.1.16}$$

其中 $H_0,\cdots,H_{k-1}$ 在 $z_2,\cdots,z_n$ 空间的原点的一邻域解析, 而且 $H_0(0) = \cdots = H_{k-1}(0) = 0$ 者, 称为对变数 z_1 的 k 次示性多项式[1]. 它有下面的性质.

定理 4.1.4 任与正数 $\varepsilon\ (<1)$, 必有一正数 δ, 当 $z_2,\cdots,z_n$ 在多圆柱

$$|z_2| < \delta, \cdots, |z_n| < \delta \tag{4.1.17}$$

中, 示性多项式

$$z_1^k + H_{k-1}(z_2,\cdots,z_n) z_1^{k-1} + \cdots + H_0(z_2,\cdots,z_n) = 0 \tag{4.1.18}$$

的根 z_1 的绝对值 $< \varepsilon$.

证 由于 $H_j(0) = 0, j = 0,\cdots,k-1$, 我们可取 δ 充分小, 使得 $z_2,\cdots,z_n$ 在 (4.1.17) 中时

$$|H_j(z_2,\cdots,z_n)| < \frac{\varepsilon^k}{k}, \quad j = 0,1,\cdots,k-1.$$

首先证明 z_1 的根的绝对值不能 $\geqslant 1$. 如果 z_1 是 (4.1.18) 的根而 $|z_1| \geqslant 1$, 则

$$|z_1| = \left| H_{k-1} + H_{k-2}\frac{1}{z_1} + \cdots + H_0 \frac{1}{z_1^{k-1}} \right|$$

[1] 现译为 "Weierstrass 多项式 (Weierstrass polynomial)". —— 校者注

$$\leqslant |H_{k-1}| + |H_{k-2}|\frac{1}{|z_1|} + \cdots + |H_0|\frac{1}{|z_1|^{k-1}} < \varepsilon^k < 1.$$

矛盾. 故必须 (4.1.8) 的根的绝对值 $|z_1| < 1$. 在此时

$$\begin{aligned}|z_1|^k &= |H_{k-1}z_1^{k-1} + \cdots + H_0| \\ &\leqslant |H_{k-1}||z_2|^{k-1} + \cdots + |H_0| < \varepsilon^k,\end{aligned}$$

故 $|z_1| < \varepsilon$. 定理证明.

由上面的定理及 Weierstrass 预备定理可推知, 多复变数 $(n \geqslant 2)$ 解析函数的零点不是孤立的.

定理 4.1.5　设 $\pi(z)$ 是 z_1 的 k 次示性多项式, 其系数在多圆柱

$$|z_2| \leqslant r_2, \cdots, |z_n| \leqslant r_n \tag{4.1.19}$$

中解析, 并且此时 $\pi(z) = 0$ 的根 z_1 的绝对值 $< r_1 < r$, 则存在一正数 M, 使得对任一在多圆柱

$$|z_1| \leqslant r, |z_2| \leqslant r_2, \cdots, |z_n| \leqslant r_n \tag{4.1.20}$$

解析并且绝对值 $\leqslant 1$ 的函数 $f(z)$, 有一关系式

$$f(z) = g(z)\pi(z) + \lambda(z),$$

其中 $g(z)$ 和 $\lambda(z)$ 都在 $|z_1| \leqslant r_1, |z_2| \leqslant r_2, \cdots, |z_n| \leqslant r_n$ 中解析, 并且在该多圆柱内 $g(z)$ 的绝对值 $\leqslant M$, $\lambda(z)$ 是 z_1 的 $k-1$ 次多项式其系数在多圆柱 (4.1.19) 解析并且绝对值 $\leqslant M$.

证　由于 $f(z)$ 在

$$|z_1| \leqslant r, |z_2| \leqslant r_2, \cdots, |z_n| \leqslant r_n$$

解析, 可命

$$g(z) = \frac{1}{2\pi i}\int_{|\zeta_1|=r} \frac{f(\zeta_1, z_2, \cdots, z_n)}{\pi(\zeta_1, z_2, \cdots, z_n)} \frac{d\zeta_1}{\zeta_1 - z_1}. \tag{4.1.21}$$

由于 $(z_2, \cdots, z_n)$ 在多圆柱 (4.1.19) 与 $|\zeta_1| = r$ 时 $\pi(\zeta_1, z_2, \cdots, z_n) \neq 0$, 故 $g(z)$ 在多圆柱 $|z_1| \leqslant r_1, |z_2| \leqslant r_2, \cdots, |z_n| \leqslant r_n$ 中解析. 命

$$\begin{aligned}\lambda(z) &= f(z) - g(z)\pi(z) \\ &= \frac{1}{2\pi i}\int_{|\zeta_1|=r} \frac{f(\zeta_1, z_2, \cdots, z_n)}{\pi(\zeta_1, z_2, \cdots, z_n)} \\ &\quad \times \frac{\pi(\zeta_1, z_2, \cdots, z_n) - \pi(z_1, z_2, \cdots, z_n)}{\zeta_1 - z_1} d\zeta_1.\end{aligned} \tag{4.1.22}$$

其中 $\dfrac{\pi(\zeta_1, z_2, \cdots, z_n) - \pi(z_1, \cdots, z_n)}{\zeta_1 - z_1}$ 可书为如下形式:

$$\sum_{\nu=0}^{k-1} z_1^{\nu} u_{\nu}(\zeta_1, z_2, \cdots, z_n),$$

其中 $u_\nu(z_2, \cdots, z_n)$ 在 (4.1.19) 解析. 因此

$$\lambda(z) = \sum_{\nu=0}^{k-1} z_1^{\nu} v_{\nu}(z_2, \cdots, z_n),$$

其中

$$v_\nu(z_2, \cdots, z_n) = \frac{1}{2\pi i} \int_{|\zeta_1|=r} \frac{f(\zeta_1, z_2, \cdots, z_n)}{\pi(\zeta_1, z_2, \cdots, z_n)} u_\nu(\zeta_1, z_2, \cdots, z_n) d\zeta_1.$$

由于多圆柱 (2.1.19) 与 $|\zeta_1| = r$ 的拓扑积是紧致的, 故有正数 ε, 使 $|\pi(\zeta_1, z_2, \cdots, z_n)| > \varepsilon$ (ε 只与 π 有关), 由 (4.1.21) 知

$$|g(z)| \leqslant \frac{1}{(r - r_1)\varepsilon}.$$

而由 (4.1.22) 知

$$|\lambda(z)| < \frac{2N}{(r - r_1)\varepsilon},$$

其中 N 是 $\pi(z)$ 在 (4.1.20) 之上界 (取之 > 1). 命 $M = \dfrac{2N}{(r - r_1)\varepsilon}$, M 只与 π 有关, 由此得定理.

4.2 唯一分解定理

设 $f \in \mathcal{O}^n, f$ 在原点的邻域中有展式

$$f(z) = f_k(z) + f_{k+1}(z) + \cdots,$$

其中 $f_k(z)$ 是 $z_1, \cdots, z_n$ 的不恒等于 0 的 k 次齐次多项式, k 称为 f 的级.

如果 f 的级为零, 则称为单位. 显然 $f(0) \neq 0$ 是 f 为单位的充要条件.

$g \in \mathcal{O}^n$ 称为除尽 f 或 $g|f$, 如果有一 $h \in \mathcal{O}^n$ 使得 $f = gh$ 者, 此时 g 称为 f 的因子, 而 f 称为 g 的倍元. 显然单位 u 能除尽 $\mathcal{O}^n$ 中任一元素, 所有 $\mathcal{O}^n$ 的单位对乘法成一群.

如果 $g|f, f|g$, 则 f 等于 g 乘以一单位. 实际上, 如果 $f = gh_1, g = fh_2, (h_1, h_2 \in \mathcal{O}^n)$, 则 $f = fh_1h_2$. 由此可见, h_1h_2 之级必须为 0, h_1 与 h_2 亦然; 反之, 如果 f 等于 g 乘以一单位, 则显然有 $f|g$ 及 $g|f$. 这样的互相能除尽的两元素 f 和 g 称为等价,

我们以 $f \sim g$ 表之. 显然, 这实际是一等价关系, 即有 (i)$f \sim f$; (ii) 如果 $f \sim g$, 则 $g \sim f$; (iii) 如果 $f \sim g, g \sim h$, 则 $f \sim h$.

如果 u 是 $\mathcal{O}^n$ 的单位, 而 $f|u$, 则显然 f 也是单位. $\mathcal{O}^n$ 的零元素即在原点有一邻域恒等于 0 的解析函数. 若 f 非零元素, 且除了单位及等价于 f 的元素外没有其他因子, 则 f 称为素的或不可约的. 如果 f 非素的, 则称为可约的; 如果 f 是可约的, 则根据定义可书为 $f = gh$, 其中 g 与 h 皆非单位. 由于 g 的级 $+$ h 的级 $=$ f 的级, 可见 f 的级必须 $\geqslant 2$, 因此 f 的级若等于 1, 即必为素的. 但若 f 的级 $\geqslant 2$, 也未必是可约的, 例如 $f(z)=z_1^2 + z_2z_3$.

如果 $g_1, \cdots, g_l$ 是 $\mathcal{O}^n$ 的一组元素, 除了单位外没有公因子者, 则称为互素, 用 $(g_1, \cdots, g_l)=1$ 表之. 如果 $g_1, \cdots, g_l$ 有非单位的公因子 f_1, 并且非所有的 g_ν 皆恒等于 0, 则 $\dfrac{g_1}{f_1}, \cdots, \dfrac{g_l}{f_1}$ 之级分别小于 $g_1, \cdots, g_l$ 之级. 如果 $\dfrac{g_1}{f_1}, \cdots, \dfrac{g_l}{f_1}$ 仍有非单位的公因子 f_2, 则 $\dfrac{g_1}{f_1f_2}, \cdots, \dfrac{g_l}{f_1f_2}$ 之级分别小于 $\dfrac{g_1}{f_1}, \cdots, \dfrac{g_l}{f_1}$ 之级. 如此继续, 由于当 g_ν 不恒等于零时, 其级为有限, 故最后有一公因子 f, 便得 $\left(\dfrac{g_1}{f}, \cdots, \dfrac{g_l}{f}\right)=1$.

值得注意的是, 若 $\varphi_1(z), \cdots, \varphi_n(z)$ 是在原点解析且函数行列式不为零的函数组, 变换

$$\begin{cases} w_1 = \varphi_1(z), \\ \qquad\vdots \\ w_n = \varphi_n(z) \end{cases}$$

把 $z = 0$ 映为 $w = 0$, 则经此变换, 上述诸性质不变. 如果 $f, g \in \mathcal{O}^n(z)$, 且 $f(z)|g(z)$, 则 $f(z(w))$ 与 $g(z(w))$ 在 $\mathcal{O}^n(w)$ 中有 $f(z(w))|g(z(w))$; 如果 $f(z)$ 是素的, 则 $f(z(w))$ 在 $\mathcal{O}^n(w)$ 中也是素的; 如果 $(f(z), g(z)) = 1$, 则 $(f(z(w)), g(z(w)) = 1$, 等等.

命 $\mathcal{O}^{n-1} = \mathcal{O}^{n-1}(z_2, \cdots, z_n)$ 表 $n-1$ 个复变数 $z_2, \cdots, z_n$ 在原点解析的函数所成的环, 又命 $\mathcal{O}^{n-1}[z_1]$ 表所有系数在 $\mathcal{O}^{n-1}$ 的变数 z_1 的多项式环, 即其元素是下面形式者:

$$\alpha_k(z_2, \cdots, z_n)z_1^k + \alpha_{k-1}(z_2, \cdots, z_n)z_1^{k-1} + \cdots + \alpha_0(z_2, \cdots, z_n),$$

其中 $\alpha_0, \alpha_1, \cdots, \alpha_k \in \mathcal{O}^{n-1}$. ①现在我们引进以后常用的结式概念.

设 $f, g \in \mathcal{O}^{n-1}[z_1]$,

$$f(z) = \alpha_k(z_2, \cdots, z_n)z_1^k + \alpha_{k-1}(z_2, \cdots, z_n)z_1^{k-1} + \cdots + \alpha_0(z_2, \cdots, z_n), \tag{4.2.1}$$

$$g(z) = \beta_l(z_2, \cdots, z_n)z_1^l + \beta_{l-1}(z_2, \cdots, z_n)z_1^{l-1} + \cdots + \beta_0(z_2, \cdots, z_n). \tag{4.2.2}$$

①在本节中, 我们用希腊字母 $\alpha, \beta, \cdots$ 表 $\mathcal{O}^{n-1}$ 的元素.

f 与 g 的结式即下面的 $l+k$ 阶行列式 (空白处皆为 0):

$$\omega(z_2,\cdots,z_n)=\begin{vmatrix} \alpha_k & \alpha_{k-1}\cdots\alpha_0 & & & & & \\ & \alpha_k & \alpha_{k-1}\cdots\alpha_0 & & & & \\ & & \cdots\cdots\cdots\cdots & & & & \\ & & & \alpha_k & \alpha_{k-1} & \cdots & \alpha_0 \\ \beta_l & \beta_{l-1} & \cdots\ \beta_l & & & & \\ & \beta_l & \beta_{l-1}\cdots\beta_l & & & & \\ & & \cdots\cdots\cdots\cdots & & & & \\ & & & \beta_l & \beta_{l-1} & \cdots & \beta_0 \end{vmatrix}\begin{array}{l} \left.\begin{array}{l} \\ \\ \\ \\ \end{array}\right\} l\text{行} \\ \left.\begin{array}{l} \\ \\ \\ \\ \end{array}\right\} k\text{行} \end{array} \tag{4.2.3}$$

又 f 与 $\dfrac{\partial f}{\partial z_1}$ 的结式称为判别式.

现在要证明, 如果 f,g 非零元素, 则存在不全为零的 $a,b\in\mathcal{O}^{n-1}[z_1]$, 分别最多为 $l-1$ 次与 $k-1$ 次, 使得

$$af+bg=\omega. \tag{4.2.4}$$

设 $a=\lambda_{l-1}z_1^{l-1}+\cdots+\lambda_0, b=\mu_{k-1}z_1^{k-1}+\cdots+\mu_0, \lambda_{l-1},\cdots,\mu_0\in\mathcal{O}^{n-1}$. 由 (4.2.4) 比较 z_1 的系数得

$$\begin{array}{lll} \alpha_k\lambda_{l-1} & +\beta_l\mu_{k-1} & =0, \\ \alpha_{k-1}\lambda_{l-1}+\alpha_k\lambda_{l-2} & +\beta_{l-1}\mu_{k-1}+\beta_l\mu_{k-2} & =0, \\ \qquad\vdots & \qquad\vdots & \ \vdots \\ \qquad\alpha_0\lambda_0 & \qquad\qquad+\beta_0\mu_0 & =\omega. \end{array}$$

如果 $\omega=0$, 上面的线性方程系数的行列式 (即 ω)=0, 故有不全为零的解 $\lambda_{l-1},\cdots,\mu_0$; 如果 $\omega\neq 0$, 解 $\lambda_{l-1},\cdots,\mu_0$ 也不全为零, 否则 $\omega=0$, 矛盾. 因此 a 与 b 最少有一不为零.

又, 如果 f,g 对 z_1 的次数最少为 1, 则 a 与 b 皆不为零. 因为如有一为零, 例如 $a=0$, 则得出

$$bg=\omega.$$

比较 z_1 的系数知, 这是不可能的, 除非 b=0. 但 $a=b$=0 上面已证明是不容许的.

定理 4.2.1 设 $f,g,h\in\mathcal{O}^n, f|gh$ 并且 $(f,g)=1$, 则 $f|h$.

证 如果 f,g,h 有一为零元素或单位, 则定理是显然的. 在 $n=1$ 时, 由假设 $(f,g)=1$ 可见 f 或 g 必须为单位, 故定理成立. 用归纳法, 假设 $n-1$ 个复变数时定理成立.

(i) 我们称 $\mathcal{O}^{n-1}[z_1]$ 的元素

$$p = \nu_k z_1^k + \nu_{k-1} z_1^{k-1} + \cdots + \nu_0$$

为本原的, 如果 p 的系数 $\nu_k, \cdots, \nu_0 \in \mathcal{O}^{n-1}$ 适合关系 $(\nu_0, \nu_1, \cdots, \nu_k) = 1$. 我们先证明所谓 Gauss 引理: $\mathcal{O}^{n-1}[z_1]$ 的两个本原元素的乘积仍然是本原的.

设 $\sum\limits_{r=0}^{k} \lambda_r(z_2, \cdots, z_n) z_1^r$ 与 $\sum\limits_{r=0}^{l} \mu_r(z_2, \cdots, z_n) z_1^r$ 是本原的, 其中 $\lambda_0, \cdots, \lambda_k, \mu_0, \cdots, \mu_l \in \mathcal{O}^{n-1}$, 则其积为

$$\sum_{r=0}^{k+l} \nu_r(z_2, \cdots, z_n) z_1^r = \sum_{r=0}^{k} \lambda_r z_1^r \sum_{r=0}^{l} \mu_r z_1^r.$$

于是

$$\nu_r(z_2, \cdots, z_n) = \lambda_0 \mu_r + \lambda_1 \mu_{r-1} + \cdots + \lambda_r \mu_0,$$
$$(r = 0, \cdots, l + k)$$

其中约定

$$\mu_{l+1} = \cdots = \mu_{l+k} = \lambda_{k+1} = \cdots = \lambda_{k+l} = 0.$$

如果 $\nu_0, \cdots, \nu_{k+1}$ 非互素, 则 $\mathcal{O}^{n-1}$ 中有一个素元素 $\pi(z_2, \cdots, z_n)$, 它不是单位, 且 $\pi | \nu_r$ $(r = 0, 1, \cdots, k+1)$. 由于 $\sum\limits_{r=0}^{k} \lambda_r z_1^r$ 与 $\sum\limits_{r=0}^{l} \mu_r z_1^r$ 是本原的, 故必有两非负整数 a $(\leqslant k)$ 与 b $(\leqslant l)$, 使得

$$\pi | \lambda_0, \cdots, \pi | \lambda_{a-1}, \quad 但 \quad (\pi, \lambda_a) = 1;$$
$$\pi | \mu_0, \cdots, \pi | \mu_{b-1}, \quad 但 \quad (\pi, \mu_b) = 1.$$

现在考虑

$$\nu_{a+b} = \lambda_0 \mu_{a+b} + \cdots + \lambda_a \mu_b + \cdots + \lambda_{a+b} \mu_0.$$

显然, 除了 $\lambda_a \mu_b$ 一项外, 其他项都能被 π 所除尽, 并且 $\pi | \nu_{a+b}$, 于是 $\pi | \lambda_a \mu_b$. 由归纳法假设, $\pi | \lambda_a$ 或 $\pi | \mu_b$, 这都与 $(\pi, \lambda_a) = 1, (\pi, \mu_b) = 1$ 矛盾, 于是证明了断言.

(ii) 我们不妨假设 f, g, h 皆非单位, 且假设 f, g, h 对变数 z_1 是正规化的, 否则根据定理 4.1.3 可作一非异线性变换使之如此. 而定理 4.2.1 不受此变换的影响. 由 Weierstrass 预备定理知, f, g, h 分别等价于 z_1 的示性多项式 (见式 (4.1.16)) f_1, g_1, h_1, 它们关于 z_1 的次数都大于 0, 且都是本原元素.

我们要证明, 如果 $(f_1, g_1) = 1$ 则 f_1 与 g_1 的结式 ω 不恒等于零①.

①这可以作为一个定理, 以后常要用到.

我们应用辗转相除法得到除法算式如下:

$$\left.\begin{aligned}
&g_1 = f_1 q_1 + r_1,\\
&\qquad\qquad r_1 \text{ 对 } z_1 \text{ 的次数 } < f_1 \text{ 对 } z_1 \text{ 的次数};\\
&\varphi_1 f_1 = r_1 q_2 + r_2, \quad \varphi_1 \in \mathcal{O}^{n-1},\\
&\qquad\qquad r_2 \text{ 对 } z_1 \text{ 的次数 } < r_1 \text{ 对 } z_1 \text{ 的次数};\\
&\varphi_2 r_1 = r_2 q_3 + r_3, \quad \varphi_2 \in \mathcal{O}^{n-1},\\
&\qquad\qquad r_3 \text{ 对 } z_1 \text{ 的次数 } < r_2 \text{ 对 } z_1 \text{ 的次数};\\
&\qquad\qquad \vdots\\
&\varphi_{m-1} r_{m-2} = r_{m-1} q_m + r_m, \quad \varphi_{m-1} \in \mathcal{O}^{n-1},\\
&\qquad\qquad r_m \text{ 对 } z_1 \text{ 的次数 } < r_{m-1} \text{ 对 } z_1 \text{ 的次数};\\
&\varphi_m r_{m-1} = r_m q_{m+1} + \rho, \quad \varphi_m \in \mathcal{O}^{n-1},\\
&\qquad\qquad r_m \text{ 对 } z_1 \text{ 的次数 } \geqslant 1, \rho \in \mathcal{O}^{n-1}.
\end{aligned}\right\} \tag{4.2.5}$$

我们断言 $\rho \neq 0$, 如若不然, 则 $r_m | \varphi_m r_{m-1}$, 由 $\varphi_m \varphi_{m-1} r_{m-2} = \varphi_m r_{m-1} q_m + \varphi_m r_m$ 可知,$r_m | \varphi_m \varphi_{m-1} r_{m-2}$.如此继续, 利用除法算式可证 $r_m | \varphi_1 \cdots \varphi_m f_1, r_m | \varphi_1 \cdots \varphi_m g_1$. 命 $\varphi_1 \cdots \varphi_m = \lambda\ (\in \mathcal{O}^{n-1})$, 存在 $c, d \in \mathcal{O}^{n-1}[z_1]$, 使得

$$\lambda f_1 = r_m c, \quad \lambda g_1 = r_m d_1.$$

我们把 c, d, r_m 的 z_1 的系数的最大公因子分别提出来, 可得

$$\lambda f_1 = \alpha r c_1, \quad \lambda g_1 = \beta r d_1, \tag{4.2.6}$$

其中 $\lambda, \alpha, \beta \in \mathcal{O}^{n-1}, r, c_1, d_1, f_1, g_1$ 都是 $\mathcal{O}^{n-1}[z_1]$ 中的本原元素. 由 (i) 知 rc_1, rd_1 也都是本原元素. 比较 (4.2.6) 的 z_1 的最高项系数知, $\alpha|\lambda, \beta|\lambda$, 于是 $rc_1 = \dfrac{\lambda}{\alpha} f_1, rd_1 = \dfrac{\lambda}{\beta} g_1$. 令 rc_1 和 rd_1 都是本原元素, 所以 $\dfrac{\lambda}{\alpha}$ 和 $\dfrac{\lambda}{\beta}$ 都是 $\mathcal{O}^{n-1}$ 中的单位, 因此我们有

$$f_1 = \left(\frac{\lambda}{\alpha}\right)^{-1} rc_1, \quad g_1 = \left(\frac{\lambda}{\beta}\right)^{-1} rd_1.$$

此乃表示 f_1 和 g_1 有公因子 r, 其 z_1 的次数至少为 1，而 c 对于 z_1 的次数必小于 f_1 对于 z_1 的次数. 因为 f_1 是示性多项式, r 必非单位. 否则命 $z_2 = \cdots = z_n = 0$ 时有

$$z_1^k = a_0 \left(z_1^q + b_{q-1} z_1^{q-1} + \cdots + b_0\right) \left(z_1^{k-q} + \cdots\right),$$

其中 a_0 和 b_0 都是非零复数. 这是不可能的. 但若 f_1 与 g_1 有非单位的公因子 r, 则与假设 $(f_1, g_1) = 1$ 矛盾. 所以 $\rho \neq 0$. 由 (4.2.4) 知, 存在 f_1 与 g_1 的结式

$af_1 + bg_1 = \omega$. 令 $(f_1, g_1) = 1$, 我们断言 $\omega \neq 0$. 设若不然, 则 $af_1 = -bg_1$, 其中 b 对 z_1 的次数小于 f_1 对 z_1 的次数. 在除法算式 (4.2.5) 的每一行都乘以 b, 则 $f_1|br_1, f_1|br_2$, 依次可以证明 $f_1|b\rho$. 然而 $\rho \in \mathcal{O}^{n-1}, b \neq 0$, 所以只有 $\rho = 0$. 这与上面证明的 $\rho \neq 0$ 矛盾, 所以 f_1 和 g_1 的结式 $\omega \neq 0$.

令

$$\omega h_1 = af_1h_1 + bg_1h_1.$$

由假设 $f_1|g_1h_1$ 知 $f_1|\omega h_1$, 故可书 $\omega h_1 = \lambda f_1 p$, 其中 $\lambda \in \mathcal{O}^{n-1}, p \in \mathcal{O}^{n-1}[z_1]$ 是本原的. 比较系数知 $\lambda|\omega$ 而 $\dfrac{\omega}{\lambda}$ 是 $\mathcal{O}^{n-1}$ 中单位, 所以

$$h_1 = \left(\frac{\omega}{\lambda}\right)^{-1} f_1 p.$$

此乃表示 $f_1|h_1$. 定理证明.

定理 4.2.2 (唯一分解定理). 　任一 $f \in \mathcal{O}^n$ 能在等价意义下唯一地分解为有限个非单位的素元素之积, 此即若有两种这样的分解: $f = f_1 \cdots f_l = g_1 \cdots g_k$, 则 $l = k$, 并且把 $g_1, \cdots, g_k$ 的次序适当排列后有 $f_1 \sim g_{\nu_1}, f_2 \sim g_{\nu_2}, \cdots, f_l \sim g_{\nu_l}$.

证　如果 f 是素的, 则定理是显然的; 如果 f 不是素的, 则 $f = gh, g$ 与 h 皆非单位, 而它们的级的和等于 f 的级. 如果 g 与 h 中有一个不是素的, 即可继续分解. 由于 f 的级为有限, 故经有限步骤后, f 能书为

$$f = f_1 \cdots f_l,$$

其中 $f_1, \cdots, f_l$ 是单位的素元素. 如有另一分解 $f = g_1 \cdots g_k$, 于是

$$f_1 \cdots f_l = g_1 \cdots g_k. \tag{4.2.7}$$

由于 f_r 与 g_s 皆是素的非单位元素, 故 $f_r \sim g_s$ 或 $(f_r, g_s) = 1$. 由 $f_1|g_1 \cdots g_k$ 可知, 或者 $f_1 \sim g_1$ 或者 $f_1|g_2 \cdots g_k$. 如此继续, 可知必有一 $g_{\nu_1} \sim f_1$. 在 (4.2.7) 两端各消去因子 f_1, 便得

$$f_2 \cdots f_l = u_1 g_{\nu_2} \cdots g_{\nu_k},$$

其中 u 是单位, 而 $\nu_1, \cdots, \nu_k$ 是 $1, \cdots, k$ 的一个排列. 在上式中重复上面的方法, 可知 f_2 必等价于右端的某一非单位因子. 续行此法, 便得定理.

定理 4.2.3　若 $f, g \in \mathcal{O}^n$, 并且 g 的零点必是 f 的零点, 则 $g|f$.

证　根据定理 4.2.2, g 可分解为有限个非单位的素因子 $g_1, \cdots, g_l$ 之积, 故我们只要证明当 g 是素因子时的定理就够了.

我们不妨假定 g 与 f 皆是对变数 z_1 正规化了的. 根据 Weierstrass 预备定理知, $g = g_1u_1, f = f_1u$, 其中 u 与 u_1 是 $\mathcal{O}^n$ 中的单位, 而 g_1 与 f_1 是示性多项式. 由

于 u 与 u_1 在原点的一邻域中没有零点, 故在此邻域中 g_1 与 f_1 的零点分别是 g 与 f 的零点, 反之亦然. 然而 g 是素的, 故 g_1 作为 $\mathcal{O}^{n-1}[z_1]$ 的元素是不可约的, 因此或者 $g_1|f_1$, 或者 g_1 与 f_1 互素.

如果 g_1 与 f_1 是互素的, 则由定理 4.2.1 证明的最后部分可知, f_1 与 g_1 的结式 (4.2.4) 中 $\omega \neq 0$, 即存在两元素 $a_1, b_1 \in \mathcal{O}^{n-1}[z_1]$, 使得

$$a_1 g_1 + b_1 f_1 = \omega \neq 0, \quad \omega \in \mathcal{O}^{n-1}.$$

设

$$g_1 = z_1^k + \alpha_{k-1}(z_2, \cdots, z_n) z_1^{k-1} + \cdots + \alpha_0(z_2, \cdots, z_n),$$

则在 $z_2, \cdots, z_n$ 空间的原点的充分小邻域中任与一组数 $z_2, \cdots, z_n$, 必有 k 个 z_1 的根, 其绝对值可以小于任一已与的正数 ε (定理 4.1.4), 此即 $g_1(z_1, \cdots, z_n) = 0, z$ 在 $\mathbb{C}^n$ 的原点的充分小邻域中. 根据假定, 必有 $f_1(z_1, \cdots, z_n) = 0$. 因之 $\omega(z_2, \cdots, z_n) = a_1 g_1 + b_1 f_1 = 0$, 对 $z_2, \cdots, z_n$ 空间的原点的某一充分小邻域中任一点皆然. 此乃表示 $\omega(z_2, \cdots, z_n) \equiv 0$, 换言之, ω 是 $\mathcal{O}^{n-1}$ 的零元素. 矛盾. 定理证明.

到现在为止, 本章仅讨论了一个解析函数 $f(z_1, \cdots, z_n)$ 的零点的局部性质. 对于多个解析函数 $f_1(z_1, \cdots, z_n), \cdots, f_l(z_1, \cdots, z_n)$ 的公共零点的局部性质的研究①, 需要更多的代数工具, 特别是理想论, 这在以后有机会时再专门讨论之.

至于零点的大范围的研究, 则存在更多的问题. 习知, 在 $n = 1$ 的情形, 任与一域 D 及一串点 $a_1, a_2, \cdots$, 在 D 内没有聚点者, 及任与一串正整数 $k_1, k_2, \cdots$, 我们恒可作一在 D 内解析的函数 $f(z)$, 在 $a_1, a_2, \cdots$, 上分别是 $k_1, k_2, \cdots$ 重零点. 因为根据 Mittag-Leffler 定理 (如参阅 H. Behnke u. F. Sommer [1]), 我们可作一 D 内亚纯的函数 $g(z)$, 它以 $a_1, a_2, \cdots$ 为极点, 并且在此点 $g(z)$ 的主要部分为 $\dfrac{k_l}{z - a_l}$. 如是

$$f(z) = \exp\left\{\int_a^z g(z) dz\right\}$$

便是所求的函数.

在 $n > 1$ 的情形, 由于零点是非孤立的, 相应的问题应如下建立:

设 D 的每一点 a 有一 $p_a \in \mathcal{O}_a^n$ 在 $P(a, r_a) \subset D$ 中解析, 并且适合互不矛盾的条件, 即若 $P(a, r_a) \cap P(b, r_b) \neq \varnothing$, 则在此交集中 $p_a \sim p_b$. 现在的问题是: 是否存在一个在 D 解析的函数, 使得在 D 的每一点 a 的邻域 $P(a, r_a)$ 中, f 展为 n 重幂级数 f_a 时, 有 $f_a \sim p_a$? 这就是著名的 Cousin 第二问题的特殊情形.

K. Oka [1] 会对上面的问题举出如下的反例:

①可参阅 W. Rükert [1]; H. Cartan [3].

取两个复变数 z,w 的情形, 而命 D 为拓扑积:

$$\frac{3}{4}<|z|<\frac{5}{4},\quad \frac{3}{4}<|w|<\frac{5}{4}.$$

在 $\mathbb{C}^2$ 中适合 $w=z+1$ 的点集所成的解析平面能以一复参数 ζ 表之:

$$z=\zeta,\quad w=\zeta+1. \tag{4.2.8}$$

上述点集包含在 D 内的部分必须适合

$$\frac{3}{4}<|\zeta|<\frac{5}{4},\quad \frac{3}{4}<|\zeta+1|<\frac{5}{4}. \tag{4.2.9}$$

由于 $\mathscr{I}\mathrm{m}(z)=\mathscr{I}\mathrm{m}(w)=\mathscr{I}\mathrm{m}(\zeta)$, 我们可以把解析平面在 D 内的点分为两部分:

$$L:\mathscr{I}\mathrm{m}(\zeta)>0\quad \text{及}\quad L_1:\mathscr{I}\mathrm{m}(\zeta)<0.$$

注意, $\mathscr{I}\mathrm{m}(\zeta)=0$ 的点不在 D 中, 即不适合条件 (4.2.9), 因为此时必须 $\frac{3}{4}<|\mathrm{Re}(\zeta)|<\frac{5}{4}$. 若 $\mathrm{Re}(\zeta)$ 为正数, 则 $1+\mathrm{Re}(\zeta)>1+\frac{3}{4}=\frac{7}{4}$; 若 $\mathrm{Re}(\zeta)$ 为负数, 则 $1+\mathrm{Re}(\zeta)<1-\frac{3}{4}=\frac{1}{4}$. 两者皆不符合 (4.2.9) 的第二个条件. 由此可见, 有一充分小的正数 ε, 使得适合条件 $\mathscr{I}\mathrm{m}(\zeta)=\pm\varepsilon$ 的点仍旧不在 D 中, 即 (4.2.9) 仍不能成立. 因此存在一正数 σ, 使得对任两点 $(z,w)\in L$ 及 $(z_1,w_1)\in L_1$ 恒有 $|z-z_1|>\sigma,|w-w_1|>\sigma$.

在域 D 中, 对于 $a\in D-L$ 的点, 给与一邻域 $P(a,r_a)\subset D-L$ 及一在此邻域中解析的函数元素 $p_a\sim 1$. 对于 $b\in L$ 点, 给与邻域 $P(b,r_b),r_b=(r_1,r_2),r_1<\sigma,r_2<\sigma$, 及在此邻域中的元素 $p_b\sim w-z-1$. 这样的集合 $\{p_a\}_{a\in D}$ 是适合互不矛盾的条件的. 实际上, 如果 a,b 皆在同一的点集 $D-L$ 或 L, 则 $p_a\sim p_b$ 是显然的. 如果 $a\in D-L$ 而 $b\in L$, 则交集 $P(a,r_a)\cap P(b,r_b)$ 若是非空的, 必包含在 $D-L$ 中. 由于 $P(b,r_b)$ 不包含 L_1 的点, 故 $P(a,r_a)\cap P(b,r_b)$ 不包含解析平面 (4.2.8) 的点, 于是在此交集中 $p_b\sim w-z-1\sim 1$. 因此 $p_a\sim p_b$.

假定问题是可解的, 即存在一在 D 内解析的函数 $f(z,w)$, 在 L 为零而在 $D-L$ 没有零点.

在 w 平面的圆周上取一点 $w=e^{\frac{\pi}{3}i}$, 如是函数 $f(z,e^{\frac{\pi}{3}i})$ 在 z 平面的域 Δ_1:

$$\frac{3}{4}<|z|<\frac{5}{4}$$

解析. 由于 $f(z,w)$ 的零点包含在 $w-z-1=0$ 的解析平面中, 当 $w=e^{\frac{2\pi}{3}i}$ 时, $z=-1+e^{\frac{\pi}{3}i}=e^{\frac{2\pi}{3}i}$, 此时 $\mathscr{I}\mathrm{m}(z)=\sin\frac{2\pi}{3}>0$, 故 $(z,w)\in L$, 而 $z=e^{\frac{2}{3}\pi i}$ 是 $f\left(z,e^{\frac{\pi}{3}i}\right)$

的在 Δ_1 的唯一的单重零点. 我们作圆 $C_{\frac{9}{8}} = \left\{|z| = \dfrac{9}{8}\right\}$ 及 $C_{\frac{7}{8}} = \left\{|z| = \dfrac{7}{8}\right\}$, 则 $f\left(z, e^{\frac{\pi}{3}i}\right)$ 在此两圆周上没有零点.

在 w 平面的圆周 $|w| = 1$ 上取一点 $w = e^{\frac{\pi}{3}i}$, 此时 $\mathscr{I}\mathrm{m}(w) = -\sin\dfrac{\pi}{3} < 0$, 故 $f\left(z, e^{-\frac{\pi}{3}i}\right)$ 在 Δ_1 中没有零点.

我们命 w 平面上沿 $|w| = 1$ 由 $e^{-\frac{\pi}{3}i}$ 点以逆时针方向至 $e^{\frac{\pi}{3}i}$ 点的圆弧为 γ_1, 而由 $e^{\frac{\pi}{3}i}$ 点以逆时针方向至 $e^{-\frac{\pi}{3}i}$ 点的圆弧为 γ_2, 此即

$$\begin{aligned}\gamma_1:\quad & w = e^{i\theta}, \quad -\frac{\pi}{3} \leqslant \theta \leqslant \frac{\pi}{3};\\ \gamma_2:\quad & w = e^{i\theta}, \quad \frac{\pi}{3} \leqslant \theta \leqslant \frac{5}{3}\pi.\end{aligned}$$

函数 $f(z, e^{i\theta})$ 对 θ 是实的解析函数, 对 z 在 Δ_1 是复的解析函数. 我们要证明

(i) 当 $z \in C_{\frac{9}{8}}, w = \gamma_1$ 时, $f\left(z, e^{i\theta}\right)$ 没有零点;

(ii) 当 $z \in C_{\frac{7}{8}}, w \in \gamma_2$ 时, $f\left(z, e^{i\theta}\right)$ 也没有零点.

实际上, 当 $w = e^{i\theta} \in \gamma_1$ 时, 则 $-\dfrac{\pi}{3} \leqslant \theta \leqslant \dfrac{\pi}{3}$, 而 $f\left(z, e^{i\theta}\right)$ 的零点必然在 $z = -1 + w = (\cos\theta - 1) + i\sin\theta$ 时取得, 这样便必须有 $|z|^2 = 4\sin^2\dfrac{\theta}{2}$. 因为 $-\dfrac{\pi}{3} \leqslant \theta \leqslant \dfrac{\pi}{3}$, 故 $|z|^2 \leqslant 1$. 这证明了 (i). 同理, 如果 $z \in C_{\frac{7}{8}}, w = e^{i\theta} \in \gamma_2$, 则 $|z|^2 = 4\sin^2\dfrac{\theta}{2} \geqslant 1 > \dfrac{7}{8}$ $\left(\text{因为 } \dfrac{\pi}{3} \leqslant \theta \leqslant \dfrac{5}{3}\pi\right)$. 这也证明了 (ii).

现在考虑 $\log f\left(z, e^{i\theta}\right)$, 当 $z \in C_{\frac{9}{8}}, -\dfrac{\pi}{3} \leqslant \theta \leqslant \dfrac{\pi}{3}$. 由 (i) 知, $\log f\left(z, e^{i\theta}\right)$ 的每一分支是 θ 的连续函数, 对每一固定的 θ, 当 z 沿 $C_{\frac{9}{8}}$ 绕行一周而回到原来的位置时, $\log f\left(z, e^{i\theta}\right)$ 增加 $2k\pi i, k$ 是一整数. 我们断言, k 与 θ 无关. 实际上, 若我们固定一个分支 $\log f\left(z, e^{i\theta}\right)$, 并设 z 沿 $C_{\frac{9}{8}}$ 绕一周时所得的另一个分支为 $F\left(z, e^{i\theta}\right)$, 这也是 θ 的连续函数. 由假设

$$F(z, e^{i\theta}) - \log f(z, e^{i\theta}) = 2\pi i k(\theta),$$

当 θ 在闭间隔 $\left[-\dfrac{\pi}{3}, \dfrac{\pi}{3}\right]$ 中, 上式左端是连续的, 故有一正数 η, 使得此间隔的任两值 θ_1, θ_2 适合 $|\theta_1 - \theta_2| < \eta$ 时, $\left|F\left(z, e^{i\theta_1}\right) - F\left(z, e^{i\theta_2}\right)\right| + \left|\log f\left(z, e^{i\theta_1}\right) - \log f\left(z, e^{i\theta_2}\right)\right| < \dfrac{1}{2\pi}$. 于是有 $|k(\theta_1) - k(\theta_2)| < 1$, 但 $k(\theta_1)$ 与 $k(\theta_2)$ 皆为整数, 故 $k(\theta_1) = k(\theta_2)$. 此乃表示当 $\theta_1 \leqslant \theta \leqslant \theta_2$ $(0 < \theta_2 - \theta_1 < \eta)$ 时 $k(\theta)$ 与 θ 无关. 我们可以把间隔 $\left[-\dfrac{\pi}{3}, \dfrac{\pi}{3}\right]$ 分割为距离小于 $\dfrac{\eta}{2}$ 的小间隔, 由此得知 $k(\theta)$ 与 θ 在 $\left[-\dfrac{\pi}{3}, \dfrac{\pi}{3}\right]$ 之值无关. 这证明了我们的断言.

我们以 $\delta\left[f\left(z,e^{i\theta}\right),C\right]$ 表 z 在域 Δ_1 中以正方向沿一闭曲线 C 绕行一周后 $\log f(z,e^{i\theta})$ 所增加的数值. 上面已证明, 当 $-\dfrac{\pi}{3}\leqslant\theta_1,\theta_2\leqslant\dfrac{\pi}{3}$ 时, 恒有

$$\delta\left[f\left(z,e^{i\theta}\right),C_{\frac{9}{8}}\right]=\delta\left[f\left(z,e^{i\theta_2}\right),C_{\frac{9}{8}}\right].$$

特别取 $\theta_1=-\dfrac{\pi}{3},\theta_2=\dfrac{\pi}{3}$, 我们有

$$\delta\left[f\left(z,e^{-\frac{\pi i}{3}}\right),C_{\frac{9}{8}}\right]=\delta\left[f\left(z,e^{\frac{\pi i}{3}}\right),C_{\frac{9}{8}}\right].\tag{4.2.10}$$

当 $z\in C_{\frac{7}{8}},w=e^{i\theta}\in\gamma_2\left(\text{即 }\dfrac{\pi}{3}\leqslant\theta\leqslant\dfrac{5\pi}{3}\right)$ 时, 由 (ii) 可知, $\log f\left(z,e^{i\theta}\right)$ 的每一分支是 θ 的连续函数. 同理可证 $\delta\left[f\left(z,e^{i\theta}\right),C_{\frac{7}{8}}\right]$ 与 θ 无关, 特别是

$$\delta\left[f\left(z,e^{\frac{\pi}{3}i}\right),C_{\frac{7}{8}}\right]=\delta\left[f\left(z,e^{\frac{5\pi}{3}i}\right),C_{\frac{7}{8}}\right].$$

由于 $e^{\frac{5\pi}{3}i}=e^{-\frac{\pi i}{3}}$, 故有

$$\delta\left[f\left(z,e^{\frac{\pi i}{3}}\right),C_{\frac{7}{8}}\right]=\delta\left[f\left(z,e^{-\frac{\pi i}{3}}\right),C_{\frac{7}{8}}\right].\tag{4.2.11}$$

在 z 平面上, 我们以点 $e^{\frac{2\pi i}{3}}$ 为中心作一圆 γ, 其半径充分小, 包含于圆环 $\dfrac{7}{8}<|z|<\dfrac{9}{8}$ 中. 已知 $f\left(z,e^{\frac{\pi i}{3}}\right)$ 在 Δ_1 中除了点 $z=e^{\frac{2\pi i}{3}}$ 为单重零点外, 没有其他零点, 因此有

$$\delta\left[f\left(z,e^{\frac{\pi i}{3}}\right),C_{\frac{9}{8}}\right]-\delta\left[f\left(z,e^{\frac{\pi i}{3}}\right),C_{\frac{7}{8}}\right]-\delta\left[f\left(z,e^{\frac{\pi i}{3}}\right),\gamma\right]=0.$$

又, 我们已知 $f\left(z,e^{-\frac{\pi i}{3}}\right)$ 在 Δ_1 中没有零点, 因此

$$\delta\left[f\left(z,e^{-\frac{\pi i}{3}}\right),C_{\frac{9}{8}}\right]-\delta\left[f\left(z,e^{-\frac{\pi i}{3}}\right),C_{\frac{7}{8}}\right]=0.$$

由上两式及 (4.2.10), (4.2.11) 知

$$\delta\left[f\left(z,e^{\frac{\pi i}{3}}\right),\gamma\right]=0.$$

但另一方面, $z=e^{\frac{2\pi i}{3}}$ 是 $f\left(z,e^{\frac{\pi i}{3}}\right)$ 的单重零点, 故必须有

$$\delta\left[f\left(z,e^{\frac{\pi i}{3}}\right),\gamma\right]=2\pi i.$$

矛盾, 这证明了 $f(z,w)$ 是不存在的, 也就是说在 D 的第二 Cousin 问题无解.

在什么域中这里的特殊 Cousin 第二问题有解呢? 在什么域里又没有解呢? 这是一个根本性问题, 在本章末再详细介绍.

4.3 连续性定理

多于一个复变数的解析函数的奇异点与单复变数的情况大为不同, 其特点之一是不能任意地给与, 这从下面的定理可以看到.

定理 4.3.1 设 D 是 $n+1$ 个复变数 $w, z_1, \cdots, z_n$ 的空间 $\mathbb{C}^{n+1}$ 的域, 定义如下: D^n 是 $z=(z_1,\cdots,z_n)$ 空间 $\mathbb{C}^n$ 的域, 对每一点 $z\in D^n$, 有一 w 平面的由闭简单曲线围成的域 D_z, 而

$$D=\{(w,z)|z\in D^n, w\in D_z\}.$$

又设 E 为空间 $\mathbb{C}^{n+1}$ 的点集, 定义如下: E^n 是包含于 D^n 的空间 $\mathbb{C}^n$ 的点集, 对每一点 $z\in E^n$, 有一 w 平面的点集 E_z, 其闭包含于 D_z 内, 而

$$E=\{(w,z)|z\in E^n, w\in E_z\},$$

并且对每一点 $z^{(0)}\in E^n$, 有一 D^n 中的邻域 $U^n(z^{(0)})$, 使得交集 $\bigcap\limits_{z\in U^n(z^{(0)})} D_z$ 是 w 平面的单连通域, 而点集 $\sum\limits_{z\in U^n(z^{(0)})} E_z$ 的闭包是包含在 $\bigcap\limits_{z\in U^n(z^{(0)})} D_z$ 中. 此外, 我们假定 $D-E$ 仍是一域, D^n-E^n 包含有 D^n 的内点. 在此等假设下, 任一在 $D-E$ 解析的函数 $f(w,z_1,\cdots,z_n)$ 必可解析展拓到整个域 D.

证 对每一点 $z\in D^n$, 我们任取一光滑的闭简单曲线 C_z 包含于 D_z, 而此曲线之内部 $\widetilde{C}_z$ 包含 E_z 的闭包. 由于 $f(w,z)$ 对变数 w 在 D_z-E_z 中解析, 我们可作函数

$$g(w,z)=\frac{1}{2\pi i}\int_{C_z}\frac{f(\zeta,z)}{\zeta-w}d\zeta,$$

此函数对 w 在 $\widetilde{C}_z$ 解析. 值得注意, 此函数与 C_z 的取法无关, 即若在 w 平面有另一光滑的闭简单曲线 C_z^* 包含于 D_z, 而其内部 $\widetilde{C}_z^*$ 包含 E_z 的闭包, 则对任一点 $w\in\widetilde{C}_z\cap\widetilde{C}_z^*$, 根据 Cauchy 定理知

$$\frac{1}{2\pi i}\int_{C_z}\frac{f(\zeta,z)}{\zeta-w}d\zeta=\frac{1}{2\pi i}\int_{C_z^*}\frac{f(\zeta,z)}{\zeta-w}d\zeta.$$

因此, $g(w,z)$ 可在整个域 D 定义. 我们要证明, 它对所有变数 (w,z) 在 D 解析.

任取一固定点 $z^{(0)}\in D^n$, 于是有 $z^{(0)}$ 的邻域 $U^n(z^{(0)})$ 适合定理假设的条件. 我们在 w 平面的域 $D_{z^{(0)}}$ 中, 任取一光滑的闭简单曲线 $\gamma_{z^{(0)}}$, 使得其内部 $\tilde{\gamma}_{z^{(0)}}$ 包含 $\sum\limits_{z\in U^n(z^{(0)})} E_z$ 的闭包. 这是可能的, 因为根据假设, 此闭包 $\subset \bigcap\limits_{z\in U^n(z^{(0)})} D_z\subset D_{z^{(0)}}$. 由于 $f(w,z)$ 在 $w\in\gamma_{z^{(0)}}$ 的点 $(w,z^{(0)})$ 皆解析, 故有一充分小的 D^n 中的 $z^{(0)}$ 邻

域 $V^n(z^{(0)})$, 使得 $f(w,z)$ 在 $\gamma_{z^{(0)}} \times V^n(z^{(0)})$ 的每一点皆解析. 取 $V^n(z^{(0)})$ 同时包含于 $U^n(z^{(0)})$ 中, 作函数

$$\psi(w,z) = \frac{1}{2\pi i}\int_{\gamma_{z^{(0)}}} \frac{f(\zeta,z)}{\zeta - w} d\zeta.$$

这显然是在 $\tilde{\gamma}_{z^{(0)}} \times V^n(z^{(0)})$ 中解析的函数, 又根据上面的注意 (顾及 $\gamma_{z^{(0)}}$ 包含 E_z, 而当 $z \in V^n(z^{(0)})$ 时包含于 D_z 中), 有

$$g(w,z) \equiv \psi(w,z).$$

此乃表示 $g(w,z)$ 在 $\tilde{\gamma}_{z^{(0)}} \times V^n(z^{(0)})$ 解析. 由于 $z^{(0)}$ 可以是 D^n 中任一点, 而 $\gamma_{z^{(0)}}$ 可以是 $D_{z^{(0)}}$ 中任一包含 $\sum\limits_{z \in U^n(z^{(0)})} E_z$ 的曲线, 故 $g(w,z)$ 在 D 解析.

由假设 $D^n - E^n$ 含有内点, 即含有一非空的开集 K^n. 当 $z \in K^n, f(w,z)$ 对变数 w 在 D_z 解析, 因此有

$$g(w,z) = \frac{1}{2\pi i}\int_{C_z} \frac{f(\zeta,z)}{\zeta - w} d\zeta = f(w,z).$$

换言之, $f(w,z)$ 与 $g(w,z)$ 在 $D - E$ 中一非空开集内恒等, 即 $f(w,z)$ 可解析展拓至整个域 D. 定理证明.

下面举几个应用上述定理的例子, 读者可根据此定理证明之.

例 (i) 设 D 为超球 $(n \geqslant 2)$

$$|z_1|^2 + \cdots + |z_n|^2 < R^2,$$

而 E 为超球

$$|z_1|^2 + \cdots + |z_n|^2 \leqslant r^2, \quad 0 < r < R,$$

则任一函数 $f(z_1, \cdots, z_n)$ 若在 $D - E$:

$$r^2 < |z_1|^2 + \cdots + |z_n|^2 < R^2$$

解析, 必可解析至整个超球 D.

(ii) 设 G_1 是 z_1 平面的由一闭简单曲线围成的域, B_1 是包含于其中的一闭集. 命 $G_2, \cdots, G_n$ 分别是 $z_2, \cdots, z_n$ 平面的域; $U_2, \cdots, U_n$ 分别是 $G_2, \cdots, G_n$ 中的非空开集. 若函数 $f(z_1, z_2, \cdots, z_n)$ 当 $(z_2, \cdots, z_n) \in U_2 \times \cdots \times U_n, z_1 \in G_1$ 时及当 $(z_2, \cdots, z_n) \in G_2 \times \cdots \times G_n, z_1 \in G_1 - B_1$ 时是解析的, 则 $f(z)$ 可解析展拓至 $G_1 \times G_2 \times \cdots \times G_n$.

(iii) 若函数 $f(z)$ 在整个 $\mathbb{C}^n$ 中除了一有界点集外解析并有界, 则必为常数 $(n \geqslant 2)$.

应用例 (ii), 我们可以证明

定理 4.3.2 (连续性定理). 设在 z_1 平面上有由闭简单曲线 C 围成的域 D_1, 又设 $\left(z_2^{(\nu)},\cdots,z_n^{(\nu)}\right)$ 是空间 $\mathbb{C}^{n-1}$ 的收敛于点 $(a_2,\cdots,a_n)$ 的点串. 若函数 $f(z_1,z_2,\cdots,z_n)$ 当 z_1 在曲线 C 上而 $z_2=a_2,\cdots,z_n=a_n$ 时是解析的, 又当 z_1 在 D_1 的闭包 $\overline{D}_1$ 而 $z_2=z_2^{(\nu)},\cdots,z_n=z_n^{(\nu)}$ $(\nu=1,2,\cdots)$ 时是解析的, 则 $f(z)$ 在 $z_1\in\overline{D}_1,z_2=a_2,\cdots,z_n=a_n$ 的点解析.

证 $f(z)$ 当 z_1 在曲线 C 上, $z_2=a_2,\cdots,z_n=a_n$ 时解析, 即有 $a_2,\cdots,a_n$ 的邻域

$$G_2=\{|z_2-a_2|<r_2\},\cdots,G_n=\{|z_n-a_n|<r_n\}$$

及 z_1 平面的域 $G_1\supset\overline{D}_1$ 与包含于 D_1 的闭域 B_1, 使得 $f(z)$ 在

$$z_1\in G_1-B_1,\quad (z_2,\cdots,z_n)\in G_2\times\cdots\times G_n$$

解析.

由于 $\left(z_2^{(\nu)},\cdots,z_n^{(\nu)}\right)$ 收敛为 $(a_2,\cdots,a_n)$, 我们有一充分大的正整数 k_0, 使得点 $\left(z_2^{(k_0)},\cdots,z_n^{(k_0)}\right)$ 包含在 $G_2\times\cdots\times G_n$ 中, 又由于 $f(z)$ 在

$$z_1\in\overline{D}_1,z_2=z_2^{(k_0)},\cdots,z_n=z_n^{(k_0)}$$

解析, 我们可适当选择 G_1 及 $z_2^{(k_0)},\cdots,z_n^{(k_0)}$ 的邻域

$$U_2=\left\{|z_n-z_n^{(k_0)}|<\varepsilon_2\right\},\cdots,U_n=\left\{|z_n-z_n^{(k_0)}|<\varepsilon_n\right\},$$

使得 $f(z)$ 在

$$z_1\in G_1,\quad (z_2,\cdots,z_n)\in U_2\times\cdots\times U_n$$

解析.

取 $\varepsilon_2,\cdots,\varepsilon_n$ 充分小, 使 $U_2\subset G_2,\cdots,U_n\subset G_n$. 应用例 (ii) 的结果便知, $f(z)$ 在

$$G_1\times G_2\times\cdots\times G_n$$

解析, 特别是在

$$z_1\in\overline{D}_1,z_2=a_2,\cdots,z_n=a_n$$

解析. 定理证明.

由上面的定理可推出

定理 4.3.3 设 a 是超球

$$S=\left\{|z_1|^2+|z_2|^2+\cdots+|z_n|^2<r^2\right\}$$

的边界点. 若 $U(a)$ 是给与的 a 的邻域, 而函数 $f(z)$ 在点集

$$U(a) \cap \left\{|z_1|^2 + \cdots + |z_n|^2 > r^2\right\}$$

解析, 则必有一 a 的充分小邻域 $V(a)$, 使得函数 $f(z)$ 可解析展拓至 $V(a)$.

证　不妨假定 $a = (0, \cdots, 0, r)$, 否则可作一酉线性变换使之如此, 而此变换是 S 不变.

取包含于 $U(a)$ 的闭多圆柱

$$|z_1| \leqslant \varepsilon_1, \cdots, |z_{n-1}| \leqslant \varepsilon_{n-1}, |z_n - r| \leqslant \varepsilon_n.$$

当正整数 ν 充分大使 $\dfrac{1}{\nu} < \varepsilon_n$ 时, 命

$$z_1 \in \overline{D}_1 = \{|z_1| \leqslant \varepsilon_1\}, \quad z_2^{(\nu)} = \cdots = z_{n-1}^{(\nu)} = 0,$$
$$z_n^{(\nu)} = r + \frac{1}{\nu}.$$

显然 $\left(z_1, z_2^{(\nu)}, \cdots, z_n^{(\nu)}\right) \in U(a)$ 而

$$|z_1|^2 + |z_2^{(\nu)}|^2 + \cdots + |z_n^{(\nu)}|^2 > r^2,$$

故 $f(z)$ 在此等点 $\left(z_1, z_2^{(\nu)}, \cdots, z_n^{(\nu)}\right)$ 解析.

又当

$$z_1 \in C = \{|z_1| = \varepsilon_1\}, \quad z_2 = \cdots = z_{n-1} = 0, \quad z_n = r$$

时, 亦有 $|z_1|^2 + \cdots + |z_n|^2 > r^2$, 故 $f(z)$ 在上面的点解析.

应用定理 4.3.2 知, $f(z)$ 在

$$|z_1| \leqslant \varepsilon_1, \quad z_2 = \cdots = z_{n-1} = 0, \quad z_n = r$$

解析, 亦即有一邻域 $V(a)$:

$$|z_1| < \varepsilon_1, \quad |z_2| < \delta_2, \cdots, |z_{n-1}| < \delta_{n-1}, \quad |z_n - r| < \delta_n,$$

$f(z)$ 在其中解析. 定理证明.

由上定理可见, 对于一个复变数的空间, 能够有这样一些域, 这些域的一些边界点有如此性质: 任一在域内解析的函数, 必可经过这些边界点解析展拓至域外. 这种奇妙的性质是单复变数解析函数所没有的. 在单复变数函数论中, 习知对任一域 D 必有一在此域内解析的函数, 但不能解析展拓至域 D 外, 即此函数以域 D 的边界为自然边界①. 而定理 4.3.3 说明, 在多于一个变数的空间中, 并非任一域皆可以

①参阅 Behnke u. Sommer [1], 第 3 章, §8.

作为某一在域内解析的函数的自然边界. 对于如此的域, 即最少有一函数在其内解析而以其边界作为自然边界者, 我们称为正则域[1]. 研究正则域者大不乏人①. 什么域是正则域, 什么域不是正则域, 这是多复变数解析函数论的根本问题之一. 1911 年, E. E. Levi [1] 曾经提出过关于正则域的充要条件的猜想, 后来为 K. Oka [2] 解决. 由于正则域的研究需要较多的其他数学分支的知识, 这里不准备进一步讨论.

4.4 奇异点解析超曲面

从上节我们知道, 解析函数的奇异点必非孤立的. 现在我们进一步研究某些奇异点集的几何形状.

定理 4.4.1 设 $f(z)$ 在原点的邻域

$$|z_1| < r_1, \cdots, |z_n| < r_n \tag{4.4.1}$$

中除去点集 E 外是解析的. 点集 E 与每一解析平面 $z_2 = a_2, \cdots, z_n = a_n$ (z_1任意) 仅交于一点, $(a_2, \cdots, a_n)$ 在

$$|z_2| < r_2, \cdots, |z_n| < r_n \tag{4.4.2}$$

中. 此外, 设 $f(z_1, a_2, \cdots, a_n)$ 在 $|z_1| < r_1$ 中有一且只有一奇异点，则点集 E 能以方程

$$z_1 = \varphi(z_2, \cdots, z_n)$$

表之, 其中 $\varphi(z_2, \cdots, z_n)$ 在 (4.4.2) 中是解析的.

证 (i) 先证 $\varphi(z_2, \cdots, z_n)$ 在 (4.4.2) 中是连续的.

显然 φ 是单值函数, 我们要证明 φ 在 $z_1 = \cdots = z_n = 0$ 点连续. 不妨假定

$$\varphi(0, \cdots, 0) = 0,$$

而证明任与 $\varepsilon > 0$, 存在 $\delta > 0$, 使得

$$|\varphi(z_2, \cdots, z_n)| < \varepsilon,$$

当

$$|z_2| < \delta, \cdots, |z_n| < \delta.$$

如若不然, 有一单调递减的正数串 $\delta_\nu \to 0$ 及一组数串 $\left(a_2^{(\nu)}, \cdots, a_n^{(\nu)}\right)$, 其中 $|a_k^{(\nu)}| < \delta_\nu$ $(k = 2, \cdots, n)$, 使得

$$\left|\varphi\left(a_2^{(\nu)}, \cdots, a_n^{(\nu)}\right)\right| \geqslant \varepsilon.$$

---

[1] 现译为 "全纯域 (domain of holomorphy)". —— 校者注

① 可参阅 B.A.Фукс [4] 的总结性文章, 虽然最近的结果还没有包括在内.

此乃表示 $f(z)$ 在

$$|z_1| < \varepsilon, z_2 = a_2^{(\nu)}, \cdots, z_n = a_n^{(\nu)}$$

解析. 由于 $\left(a_2^{(\nu)}, \cdots, a_n^{(\nu)}\right) \to (0, \cdots, 0)$, 根据连续性定理知, $f(z)$ 在 $z=0$ 点亦解析, 这与假设矛盾.

至于 $\varphi(z_2, \cdots, z_n)$ 在 (4.4.2) 的其他点的连续性, 可用同法证之.

(ii) 现证 $n=2$ 时, $\varphi(z_2)$ 在 $|z_2| < r_2$ 中解析.

我们先证 $\varphi(z_2)$ 在 $z_2 = 0$ 点是解析的.

根据 φ 之连续性, 我可取充分小之正数 η, 使

$$|\varphi(z_2)| < \frac{1}{5} r_1,$$

当

$$|z_2| < 2\eta. \tag{4.4.3}$$

此乃表示 $f(z_1, z_2)$ 在

$$\frac{1}{5} r_1 < |z_1| < \frac{2}{5} r_1, \quad |z_2| < 2\eta$$

中没有奇异点. 任取一正数 ρ 适合

$$\frac{1}{5} r_1 < \rho < \frac{2}{5} r_1, \tag{4.4.4}$$

及一 $z_1^{(0)}$ 适合

$$|z_1^{(0)}| = \rho,$$

则在

$$|z_1 - z_1^{(0)}| < \rho - \frac{r_1}{5}, \quad |z_2| < 2\eta \tag{4.4.5}$$

中 $f(z_1, z_2)$ 是解析的, 因之能展为级数

$$f(z_1, z_2) = \sum_{\nu=0}^{\infty} f_\nu(z_2) \left(z_1 - z_1^{(0)}\right)^\nu, \tag{4.4.6}$$

其中 $f_\nu(z_2)$ 在 $|z_2| < 2\eta$ 中解析.

当 z_2 适合 $|z_2| < 2\eta, (\varphi(z_2), z_2)$ 是 $f(z_1, z_2)$ 的奇异点, 则 $f(z_1, z_2)$ 在

$$|z_1 - z_1^{(0)}| < |\varphi(z_2) - z_1^{(0)}| \left(< \frac{3}{5} r_1\right), \quad |z_2| < 2\eta$$

是解析的; 换言之, 若命

$$R(z_2) = |\varphi(z_2) - z_1^{(0)}|, \tag{4.4.7}$$

则 $f(z_1, z_2)$ 在

$$|z_1 - z_1^{(0)}| < R(z_2), \quad |z_2| < 2\eta \tag{4.4.8}$$

是解析的. 此外级数 (4.4.6) 收敛.

又由 (i) 知, $R(z_2)$ 在 $|z_2| < 2\eta$ 连续. 我们要证明

(iia) 存在一个在 $|z_2| < \eta$ 内调和的函数 $u(z_2)$, 使得

$$\log R(z_2) = \begin{cases} = u(z_2), & \text{当} \quad |z_2| = \eta; \\ \geqslant u(z_2), & \text{当} \quad |z_2| < \eta. \end{cases} \tag{4.4.9}$$

我们知道, 存在唯一的在 $|z_2| < \eta$ 内调和的函数 $u(z_2)$, 使得

$$u(z_2) = \log R(z_2), \quad \text{当} \quad |z_2| = \eta.$$

我们只要证

$$u(z_2) \leqslant \log R(z_2), \quad \text{当} \quad |z_2| < \eta.$$

已知级数 (4.4.6) 在 $|z_1 - z_1^{(0)}| < R(z_2), \quad |z_2| \leqslant \eta\ (< 2\eta)$ 收敛. 若我们能证明此级数在

$$|z_1 - z_1^{(0)}| < e^{u(z_2)}, \quad |z_2| \leqslant \eta$$

收敛, 则必须 $e^{u(z_2)} \leqslant R(z_2)$. 这便是所欲证 (因为对每一固定的 z_2, (4.4.6) 的收敛半径不能大于 $R(z_2)$).

在 $|z_2| = \eta$, 由 $e^{u(z_2)} = R(z_2)$ 知, 级数 (4.4.6) 在 $|z_1 - z_1^{(0)}| < e^{u(z_2)}$ 收敛. 故对每一如此的 z_2, 有一最小之正整数 ν_{z_2}, 使得

$$|f_\nu(z_2) e^{\nu(u(z_2) - 2\varepsilon)}| \leqslant 1, \quad \text{当} \quad \nu \geqslant \nu_{z_2},$$

其中 ε 为任与的固定正数.

我们断言, 有一固定的正整数 N, 使得 $\nu_{z_2} \leqslant N$, 对所有满足 $|z_2| = \eta$ 的 z_2 皆成立. 如若不然, 任与正整数 m, 有 $z_2^{(m)}\left(|z_2^{(m)}| = \eta\right)$ 使得 $\nu_{z_2^{(m)}} > m$. 不妨假定 $z_2^{(m)}$ 收敛为 $z_2^{(0)}\left(|z_2^{(0)}| = \eta\right)$, 否则取其一子串使之如此.

$f(z_1, z_2)$ 在 $|z_1 - z_1^{(0)}| < R\left(z_2^{(0)}\right), z_2 = z_2^{(0)}$ 的点解析, 因此有正数 δ, 使 $f(z_1, z_2)$ 在 $|z_1 - z_1^{(0)}| \leqslant e^{u\left(z_2^{(0)}\right) - \varepsilon}, |z_2 - z_2^{(0)}| \leqslant \delta$ 中解析, 并且在此点集中级数 (4.4.6) 是一致收敛的. 因之有一正整数 ν_0, 当 $\nu \geqslant \nu_0$ 时, $|f_\nu(z_2) e^{\nu\left(u\left(z_2^{(0)}\right) - \varepsilon\right)}| \leqslant 1$, 对任意之 z_2 适合 $|z_2 - z_2^{(0)}| \leqslant \delta$. 我们取 δ 充分之小, 使得

$$u(z_2) < u(z_2^{(0)}) + \varepsilon, \quad \text{当} \quad |z_2 - z_2^{(0)}| \leqslant \delta, |z_2| = \eta.$$

因此有

$$|f_\nu(z_2)e^{\nu(u(z_2)-2\varepsilon)}| \leqslant 1, \quad 当 \quad |z_2 - z_2^{(0)}| \leqslant \delta, |z_2| = \eta, \nu \geqslant \nu_0.$$

当 m 充分大时, $|z_2^{(m)} - z_2^{(0)}| < \delta$, 故有

$$|f_\nu(z_2^{(m)})e^{\nu\left(u\left(z_2^{(m)}\right)-2\varepsilon\right)}| \leqslant 1, \quad 当 \quad \nu \geqslant \nu_0.$$

矛盾. 证明了断言. 由此知, 当 $|z_2| = \eta$,

$$|f_\nu(z_2)e^{\nu(u(z_2)-2\varepsilon)}| \leqslant 1, \quad \nu \geqslant N. \tag{4.4.10}$$

作 u 之共轭调和函数 $v(z_2)$, 则 $h(z_2) = u + iv$ 在 $|z_2| < \eta$ 解析, 而 (4.4.10) 可书为

$$|f_\nu(z_2)e^{\nu(h(z_2)-2\varepsilon)}| \leqslant 1, \quad 当 \quad \nu \geqslant \nu_0, |z_2| = \eta.$$

根据极大模原理, 上面不等式在 $|z_2| \leqslant \eta$ 亦成立, 立即 (4.4.10) 在 $|z_2| \leqslant \eta$ 亦成立. 由此易知级数 (4.4.6) 在

$$|z_1 - z_1^{(0)}| \leqslant e^{u(z_2)-3\varepsilon}, \quad |z_2| \leqslant \eta$$

一致收敛, 因此必须

$$e^{u(z_2)-3\varepsilon} \leqslant R(z_2), \quad 当 \quad |z_2| \leqslant \eta.$$

命 $\varepsilon \to 0$, 使得所欲证.

(iib) 现在要证明 $\log R(z_2)$ 在 $|z_2| < \eta$ 中是调和函数, 即要证

$$\log R(z_2) = u(z_2), \quad 当 \quad |z_2| < \eta.$$

由 (iia) 知

$$\log R(0) \geqslant u(0) = \frac{1}{2\pi}\int_0^{2\pi} u\left(\eta e^{i\theta}\right) d\theta = \frac{1}{2\pi}\int_0^{2\pi} \log R\left(\eta e^{i\theta}\right) d\theta. \tag{4.4.11}$$

由 (4.4.7) 及 $|z_1^{(0)}| = \rho$ 知, 上式可书为

$$\log\rho \geqslant \frac{1}{2\pi}\int_0^{2\pi} \log|\varphi\left(\eta e^{i\theta}\right) - \rho e^{i\psi}| d\theta.$$

在上式两端对 ψ 从 0 到 2π 积分之, 并除以 2π, 得

$$\log\rho \geqslant \frac{1}{(2\pi)^2}\int_0^{2\pi} d\theta \int_0^{2\pi} \log|\varphi\left(\eta e^{i\theta}\right) - \rho e^{i\psi}| d\psi$$

$$=\frac{1}{2\pi}\int_0^{2\pi}\log\rho d\theta=\log\rho.$$

由此知, (4.4.11) 中等式必须成立, 即

$$\log R(0)=u(0). \tag{4.4.12}$$

任取一正数 $r<\eta$. 根据 (iia) 知, 有一调和函数 $v(z_2)$, 适合

$$\log R(z_2)=\begin{cases}=v(z_2), & \text{当} \quad |z_2|=r;\\ \geqslant v(z_2), & \text{当} \quad |z_2|<r.\end{cases}$$

重复上面的证明, 可得

$$\log R(0)=v(0)=\frac{1}{2\pi}\int_0^{2\pi}\log R\left(re^{i\theta}\right)d\theta.$$

如是有

$$0=\log R(0)-u(0)=\frac{1}{2\pi}\int_0^{2\pi}\left[\log R\left(re^{i\theta}\right)-u\left(re^{i\theta}\right)\right]d\theta.$$

由于 $\log R\left(re^{i\theta}\right)-u\left(re^{i\theta}\right)\geqslant 0$, 上式表示必须

$$\log R\left(re^{i\theta}\right)=u\left(re^{i\theta}\right),\quad 0\leqslant\theta\leqslant 2\pi.$$

由于 r 可以是小于 η 之任意正数, 故有

$$\log R(z_2)\equiv u(z_2),\quad \text{当} \quad |z_2|<\eta.$$

(iic) 最后证明 $\varphi(z_2)$ 在 $|z_2|<\eta$ 解析.

根据 (iib), $\log R(z_2)$ 在 $|z_2|<\eta$ 调和, 故

$$R(z_2)=e^{\log R(z_2)}$$

有二阶连续偏微分.

由

$$\frac{\partial^2\log R^2(z_2)}{\partial z_2\partial\overline{z}_2}=2\frac{\partial^2\log R(z_2)}{\partial z_2\partial\overline{z}_2}=0$$

可得

$$R^2(z_2)\frac{\partial^2R^2(z_2)}{\partial z_2\partial\overline{z}_2}-\frac{\partial R^2(z_2)}{\partial z_2}\frac{\partial R^2(z_2)}{\partial\overline{z}_2}=0. \tag{4.4.13}$$

命 $z_1^{(0)}=\rho e^{i\psi}$. 由 (4.4.7) 知

$$\begin{aligned}R^2(z_2) &\equiv R^2(z_2,\psi)\\ &= \varphi(z_2)\overline{\varphi(z_2)} - \rho\left[e^{-i\psi}\varphi(z_2) + e^{i\psi}\overline{\varphi(z_2)}\right] + \rho^2.\end{aligned} \tag{4.4.14}$$

由此可知

$$R^2(z_2,\psi+\pi) - R^2(z_2,\psi) = 2\rho\left(e^{-i\psi}\varphi(z_2) + e^{i\psi}\overline{\varphi(z_2)}\right)$$

及

$$\varphi(z_2) = \frac{1}{4\rho}\left\{R^2(z_2,\pi) - R^2(z_2,0) + i\left[R^2\left(z_2,\frac{3\pi}{2}\right) - R^2\left(z_2,\frac{\pi}{2}\right)\right]\right\}.$$

此乃表示 $\varphi(z_2)$ 有二阶连续偏微分.

以 (4.4.14) 代入 (4.4.13) 可得

$$\begin{aligned}&-\left(e^{-i\psi}\frac{\partial^2\varphi}{\partial z_2\partial\overline{z}_2} + e^{i\psi}\frac{\partial^2\overline{\varphi}}{\partial z_2\partial\overline{z}_2}\right)\rho^3\\ &+\left[\left(e^{-i\psi}\frac{\partial^2\varphi}{\partial z_2\partial\overline{z}_2} + e^{i\psi}\frac{\partial^2\overline{\varphi}}{\partial z_2\partial\overline{z}_2}\right)\left(e^{-i\psi}\varphi + e^{i\psi}\overline{\varphi}\right)\right.\\ &-\left|e^{-i\psi}\frac{\partial\varphi}{\partial z_2} + e^{i\psi}\frac{\partial\overline{\varphi}}{\partial z_2}\right|^2 + \frac{\partial^2\varphi}{\partial z_2\partial\overline{z}_2}\overline{\varphi} + \frac{\partial\varphi}{\partial z_2}\frac{\partial\overline{\varphi}}{\partial\overline{z}_2}\\ &\left.+\frac{\partial\varphi}{\partial\overline{z}_2}\frac{\partial\overline{\varphi}}{\partial z_2} + \frac{\partial^2\overline{\varphi}}{\partial z_2\partial\overline{z}_2}\varphi\right]\rho^2 + \cdots = 0.\end{aligned} \tag{4.4.15}$$

由 (4.4.4) 知, ρ 可以是 $\frac{1}{5}r_1$ 与 $\frac{2}{5}r_2$ 之间的任意数. 故 (4.4.15) 的各 ρ 次之系数必须为零. 由 (4.4.15) 的 ρ^3 的系数

$$e^{-i\psi}\frac{\partial^2\varphi}{\partial z_2\partial\overline{z}_2} + e^{i\psi}\frac{\partial^2\overline{\varphi}}{\partial z_2\partial\overline{z}_2} = 0, \quad 0 < \psi \leqslant 2\pi,$$

可知

$$\frac{\partial^2\varphi}{\partial z_2\partial\overline{z}_2} = \frac{\partial^2\overline{\varphi}}{\partial z_2\partial\overline{z}_2} = 0.$$

由此及由 (4.4.15) 的 ρ^2 的系数等于零可得

$$e^{-2i\psi}\frac{\partial\varphi}{\partial z_2}\frac{\partial\varphi}{\partial\overline{z}_2} + e^{2i\psi}\frac{\partial\overline{\varphi}}{\partial z_2}\frac{\partial\overline{\varphi}}{\partial\overline{z}_2} = 0.$$

由此可知

$$\frac{\partial\varphi}{\partial\overline{z}_2} = 0 \quad \text{或} \quad \frac{\partial\varphi}{\partial z_2} = 0. \tag{4.4.16}$$

我们证明必须前者成立. 因为我们可作变换 $z_1 = z_1^* - z_2^*, z_2 = z_2^*$, 而命 $f^*(z_1^*, z_2^*) = f(z_1^* - z_2^*, z_2^*)$. 函数 f^* 在原点的充分小邻域 $|z_1^*| < \varepsilon_1, |z_2^*| < \varepsilon_2$ 中, 除去以 $z_1^* = \varphi(z_2^*) + z_2^*$ 定义的奇异点集外, 是解析的. 因之可如以上所证明一样推出

$$\frac{\partial[z_2^* + \varphi(z_2^*)]}{\partial \overline{z}_2^*} = 0 \quad 或 \quad \frac{\partial[z_2^* + \varphi(z_2^*)]}{\partial z_2^*} = 0.$$

如果前者成立, 则得出 $\dfrac{\partial\varphi(z_2^*)}{\partial\overline{z}_2^*} = \dfrac{\partial\varphi(z_2)}{\partial\overline{z}_2} = 0$; 如果后者成立, 则得出 $1 + \dfrac{\partial\varphi(z_2)}{\partial z_2} = 0$. 故 $\dfrac{\partial\varphi(z_2)}{\partial z_2} \neq 0$, 而由 (4.4.16) 知 $\dfrac{\partial\varphi(z_2)}{\partial\overline{z}_2} = 0$.

至此, 我们已证明了 $\varphi(z_2)$ 在 $z_2 = 0$ 解析. 若 a_2 为 $|z_2| < r_2$ 的任一点而 $a_1 = \varphi(a_2)$, 则可取充分小的双圆柱

$$|z_1 - a_1| < \varepsilon_1, \quad |z_2 - a_2| < \varepsilon_2 \tag{4.4.17}$$

包含于 $|z_1| < r_1, |z_2| < r_2$ 中者. 命 $z_1^* = z_1 - a_1, z_2^* = z_2 - a_2, f^*(z_1^*, z_2^*) = f(z_1^* + a_1, z_2^* + a_2)$, 则函数 f^* 在 (4.4.17) 中除了由方程 $z_1^* = \varphi(z_2^* + a_2) - a_1$ 所定义的奇异点处是解析的. 重复上面的证明知 $\varphi^*(z_2^* + a_2) - a_1$ 在 $z_2^* = 0$ 点解析, 亦即 $\varphi(z_2)$ 在 $z_2 = a_2$ 点解析. a_2 可以是 $|z_2| < r_2$ 的任一点, 故 $\varphi(z_2)$ 在 $|z_2| < r_2$ 解析.

(iii) 现证 $n > 2$ 时, $\varphi(z_2, \cdots, z_n)$ 在 (4.4.2) 中解析.

任取一组常数 $a_2, \cdots, a_{j-1}, a_{j+1}, \cdots, a_n$ 适合

$$|a_2| < r_2, \cdots, |a_{j-1}| < r_{j-1}, |a_{j+1}| < r_{j+1}, \cdots, |a_n| < r_n,$$

而考虑在

$$|z_1| < r_1, \quad |z_j| < r_j$$

中定义的函数 $f(z_1, a_2, \cdots, a_{j-1}, z_j, a_{j+1}, \cdots, a_n)$ 及 $\varphi(a_2, \cdots, a_{j-1}, z_j, a_{j+1}, \cdots, a_n)$.

由于 $f(z_1, a_2, \cdots, z_j, \cdots, a_n)$ 的奇异点适合方程

$$z_1 = \varphi(a_2, \cdots, z_j, \cdots, a_n),$$

应用 $n = 2$ 的结果知, $\varphi(a_2, \cdots, z_j, \cdots, a_n)$ 在 $|z_j| < r_j$ 对变数 z_j 解析 $(j = 2, \cdots, n)$. 由于 $\varphi(z_2, \cdots, z_n)$ 在 (4.4.2) 连续, 故在此域中对所有的变数 $z_2, \cdots, z_n$ 是解析的. 定理完全证明.

在一开集 D 内的闭集 (对于 D 而言) E 称为 ($n-1$维) **解析超曲面**, 若对 E 的每一点 a, 有一 a 的邻域 U, 及在此邻域定义的不恒等于零的解析函数 $f_U(z)$, 使得点集 $E \cap U$ 是由 $f_U(z)$ 的零点组成. 由此定义知, 定理 4.4.1 的奇异点集成一解析超曲面.

4.5 亚纯函数

在一域 D 定义的函数 $f(z)$ 称为亚纯的, 如在 D 的每一点 a, 有两元素 $p_a, q_a \in \mathcal{O}_a^n$ 在包含于 D 的一邻域 $P(a,r)$ 中是解析的, 且 $q_a \not\equiv 0$; 又对 $P(a,r)$ 的任一点 b, 把 p_a, q_a 看作 $\mathcal{O}_b^n$ 的元素时是互素的. 此外, 在 $P(a,r)$ 中

$$f = \frac{p_a}{q_a}.$$

$q_a(z) \neq 0$ 的 z 点称为 $f(z)$ 的正则点; $p_a(z) \neq 0$ 而 $q_a(z) = 0$ 的 z 点称为极点; 而 $p_a(z) = q_a(z) = 0$ 的点称为不定点.

f 在 $P(a,r)$ 中的表式 $\dfrac{p_a(z)}{q_a(z)}$ 称为在 a 点的局部部分, 这是在等价意义下唯一决定的; 换言之, 若有另一局部部分 $f = \dfrac{p_a^*(z)}{q_a^*(z)}$, 则必须

$$p_a \sim p_a^*, \quad q_a \sim q_a^*.$$

这可以如下的证明: 由

$$p_a q_a^* = q_a p_a^*$$

可知 $p_a | q_a p_a^*$. 但由 $(p_a, q_a) = 1$ 知 $p_a | p_a^*$ (定理 4.2.1). 同理有 $p_a^* | p_a$, 故 $p_a \sim p_a^*$. 仿此可证 $q_a \sim q_a^*$.

定理 4.5.1　如果 $p, q \in \mathcal{O}^n$ 且 $(p,q) = 1$, 则存在原点的充分小邻域 U, 使得对 U 中任一点 a, 把 p, q 看作 $\mathcal{O}_a^n$ 的元素时, 亦有 $(p,q) = 1$.

证　我们不妨假定 p 与 q 对 z_1 是正规化的, 应用 Weierstrass 预备定理使得

$$p = \left(z_1^k + \alpha_1 z_1^{k-1} + \cdots + \alpha_k\right) u,$$
$$q = \left(z_1^l + \beta_1 z_1^{l-1} + \cdots + \beta_l\right) v,$$

其中 u, v 是单位, 而 $\alpha_1, \cdots, \alpha_k, \beta_1, \cdots, \beta_1$ 是 $\mathcal{O}^{n-1}$ 中非单位元素. 可取原点的充分小邻域 U, 使得 u 与 v 看作是 $\mathcal{O}_a^n$ $(a \in U)$ 的元素时仍然是单位.

存在 $\mathcal{O}^{n-1}[z_1]$ 中的原素 r 与 s, 使得

$$r\frac{p}{u} + s\frac{q}{v} = \omega,$$

其中 ω 是 $\dfrac{p}{u}$ 与 $\dfrac{q}{v}$ 的结式. 由于 $(p,q) = 1$, 根据定理 4.2.1 的证明 (ii) 知, ω不恒为零. 我们取 U 充分之小, 使得 p, q, r, s, u, v 在此邻域中皆解析. 对任一点 $a = (a_1, \cdots, a_n) \in U$, 把 p, q, r, s, u, v 看作是 $\mathcal{O}_a^n$ 的元素而书之为 $p_a, q_a, r_a, s_a, u_a, v_a$ 时便有

$$r_a\frac{p_a}{u_a} + s_a\frac{q_a}{v_a} = \omega_a,$$

其中 $r_a, s_a, \dfrac{p_a}{u_a}, \dfrac{q_a}{v_a}$ 也可看作是 $\mathcal{O}_{\tilde{a}}^{n-1}[z_1-a_1]$ 的元素, $\tilde{a}=(a_2,\cdots,a_n), \omega_a \in \mathcal{O}_{\tilde{a}}^{n-1}$ 不恒为零.

显然 $\dfrac{p_a}{u_a}, \dfrac{q_a}{v_a}$ 是 $\mathcal{O}_{\tilde{a}}^{n-1}[z_1-a_1]$ 的本原多项式.

设 $d_a \in \mathcal{O}_{\tilde{a}}^{n-1}[z_1-a_1]$ 是 $\dfrac{p_a}{u_a}$ 与 $\dfrac{q_a}{v_a}$ 的公因子, 则由 $d_a|\omega_a$ 知

$$\omega_a = d_a e_a, \quad e_a \in \mathcal{O}_{\tilde{a}}^{n-1}[z_1-a_1].$$

命

$$d_a = \delta_a d_a^*, \quad e_a = \varepsilon_a e_a^*,$$

其中 $\delta_a, \varepsilon_a \in \mathcal{O}_{\tilde{a}}^{n-1}$ 而 d_a^*, e_a^* 是 $\mathcal{O}_{\tilde{a}}^{n-1}[z_1-a_1]$ 的本原多项式. 由于 $\delta_a\varepsilon_a|\omega_a$, 我们有 $d_a^* e_a^* = \dfrac{\omega_a}{\delta_a\varepsilon_a} \in \mathcal{O}_{\tilde{a}}^{n-1}$. 因此 $d_a^* e_a^*$ 必须是 $\mathcal{O}_{\tilde{a}}^{n-1}$ 的单位. 由此知 d_a^* 与 e_a^* 皆是 $\mathcal{O}_{\tilde{a}}^{n-1}$ 的单位, 因而 $d_a = \delta_a d_a^* \in \mathcal{O}_{\tilde{a}}^{n-1}$.

$\dfrac{p_a}{u_a}$ 是 $\mathcal{O}_{\tilde{a}}^{n-1}[z_1-a_1]$ 的本原多项式而能以 $\mathcal{O}_{\tilde{a}}^{n-1}$ 中的元素 d_a 除尽, d_a 必是 $\mathcal{O}_{\tilde{a}}^{n-1}$ 的单位, 也就是 $\mathcal{O}_a^n$ 的单位; 换言之,

$$\left(\frac{p_a}{u_a}, \frac{q_a}{v_a}\right) = 1.$$

这包含了 $(p_a, q_a) = 1$, 定理证明.

在一域 D 内亚纯的函数 $f(z)$ 称为有理函数, 如果存在 $z_1,\cdots,z_n$ 的多项式 $P(z)$ 与 $Q(z)$, 使得在 D 中恒有

$$f(z) = \frac{P(z)}{Q(z)}, \quad Q(z) \not\equiv 0.$$

显然两有理函数的和、差、积、商仍然是有理函数.

定理 4.5.2 设 D 是 $z=(z_1,\cdots,z_n)$ 空间的域, D_1 是 $w=(w_1,\cdots,w_m)$ 空间的域, $f(z,w)$ 是 $D\times D_1$ 中的亚纯函数. 若当 z 固定时, $f(z,w)$ 是对 w 的有理函数, 当 w 固定时, $f(z,w)$ 是对 z 的有理函数, 则 $f(z,w)$ 对 z,w 是有理函数.

我们先证一预备定理.

定理 4.5.3 设 D 是 $z=(z_1,\cdots,z_n)$ 空间的域, D_1 是 $w=(w_1,\cdots,w_m)$ 空间的域, $F_1(z,w),\cdots,F_k(z,w)$ 是在 $D\times D_1$ 中亚纯的函数不全恒等于零者, 并且对任一固定的 $z\in D$, 每一 $F_\nu(z,w)$ 是 w 的在 D_1 中有理的函数. 若在 D_1 中有一组函数 $C_1(w),\cdots,C_k(w)$ (并不假定其解析) 使得 $z\in D, w\in D_1$ 时合适

$$C_1(w)F_1(z,w)+\cdots+C_k(w)F_k(z,w)=0$$

而

$$|C_1(w)|^2+\cdots+|C_k(w)|^2>0,$$

则存在一组 $w_1,\cdots,w_m$ 的多项式 $P_1(w),\cdots,P_k(w)$ 不全恒等于零者, 使得

$$P_1(w)F_1(z,w)+\cdots+P_k(z,w)F_k(z,w)\equiv 0.$$

证　我们在域 D 中任取 k 个点 $z^{(1)},\cdots,z^{(k)}$, 而考虑 C_ν 的齐次线性方程组

$$C_1(w)F_1\left(z^{(\nu)},w\right)+\cdots+C_k(w)F_k\left(z^{(\nu)},w\right)=0,\quad \nu=1,\cdots,k.$$

由此可知行列式

$$D(w)=\begin{vmatrix} F_1\left(z^{(1)},w\right)\cdots F_k\left(z^{(1)},w\right) \\ \vdots \\ F_1\left(z^{(k)},w\right)\cdots F_k\left(z^{(k)},w\right)\end{vmatrix}$$

对任一 $w\in D$ 恒为零. 沿第一行展开之, 便有

$$\sum_{\nu=1}^{k} C_\nu\left(z^{(2)},\cdots,z^{(k)},w\right)F_\nu\left(z^{(1)},w\right)\equiv 0,$$

其中 $C_\nu\left(z^{(2)},\cdots,z^{(k)},w\right)$ 是 w 的有理函数. 若它们不全恒等于零, 则以此等有理函数的公分母乘全式便得定理, 因为 $z^{(1)}$ 可以是 D 中任一点.

如果所有的 $C_\nu\left(z^{(2)},\cdots,z^{(k)},w\right)\equiv 0$. 由假设, 非所有 $F_\nu(z,w)$ 皆恒等于零, 我们总有行列式 $D(w)$ 中的一子行列式不恒等于零. 设

$$\begin{vmatrix} F_{\alpha_1}\left(z^{(\alpha_1)},w\right)\cdots F_{\alpha_l}\left(z^{(\alpha_1)},w\right) \\ \vdots \\ F_{\alpha_1}\left(z^{(\alpha_l)},w\right)\cdots F_{\alpha_l}\left(z^{(\alpha_l)},w\right)\end{vmatrix}\equiv 0 \tag{4.5.1}$$

而

$$\begin{vmatrix} F_{\alpha_2}\left(z^{(\alpha_2)},w\right)\cdots F_{\alpha_l}\left(z^{(\alpha_2)},w\right) \\ \vdots \\ F_{\alpha_2}\left(z^{(\alpha_l)},w\right)\cdots F_{\alpha_l}\left(z^{(\alpha_l)},w\right)\end{vmatrix}\not\equiv 0.$$

我们把 (4.5.1) 左端的行列式沿第一行展开之, 便得定理.

现在我们证明定理 4.5.2.

把单项式

$$z_1^{m_1}\cdots z_n^{m_n}\quad (m_1,\cdots,m_n=0,1,2\cdots)$$

排列成单一的次序而以 $p_0(z),p_1(z),p_2(z),\cdots$ 表之. 如是任一 $z_1,\cdots,z_n$ 的多项式能表为 $\sum\limits_{\nu=0}^{N} a_\nu p_\nu(z)$ 的形式.

根据假设, 对每一 $w \in D_1, f(z,w)$ 是 z 的有理函数, 即有两个不全恒等于零的 $z_1, \cdots, z_n$ 的多项式 $P_w(z)$ 与 $Q_w(z)$, 使得

$$P_w(z)f(z,w) + Q_w(z) \equiv 0,$$

亦即有

$$\left[\sum_{\mu=0}^{N} a_\mu(w)p_\mu(z)\right] f(z,w) + \sum_{\nu=0}^{M} b_\nu(w)p_\nu(z) \equiv 0, \tag{4.5.2}$$

其中

$$\sum_{\mu=0}^{N} |a_\mu(w)|^2 + \sum_{\nu=0}^{M} |b_\nu(w)|^2 > 0.$$

我们不妨假定

$$\sum_{\mu=0}^{N} |a_\mu(w)|^2 + \sum_{\nu=0}^{M} |b_\nu(w)|^2 = 1, \tag{4.5.3}$$

否则可以

$$\frac{a_\mu}{\sum |a_\nu|^2 + \sum |b_\nu|^2}, \quad \frac{b_\mu}{\sum |a_\nu|^2 + \sum |b_\nu|^2}$$

分别代替 a_μ, b_μ.

显然多项式 $P_w(z)$ 与 $Q_w(z)$ 的项数 N 和 M 与 w 点有关. 我们命 $D_{N,M}$ 表域 D_1 的点集, 其中的 w 点是使对应的多项式 $P_w(z), Q_w(z)$ 的项数分别为 N 与 M 者.

首先注意, 如果 $D_{N,M}$ 在域 D_1 内有聚点 $w^{(0)}$, 则 $w^{(0)} \in D_{N,M}$, 即 $D_{N,M}$ 对于 D_1 是闭集.

实际上, 如果在 $D_{N,M}$ 中有一点串 $w^{(k)} \to w^{(0)} \in D_1$, 由 (4.5.3) 知

$$|a_\mu\left(w^{(k)}\right)| \leqslant 1, \quad |b_\nu\left(w^{(k)}\right)| \leqslant 1,$$

因之可取一子串 $\left\{w^{(k_l)}\right\}_{l=1,2,\cdots}$ 使得

$$\lim_{l\to\infty} a_\mu\left(w^{(k_l)}\right) = a_\mu\left(w^{(0)}\right), \quad \lim_{l\to\infty} b_\nu\left(w^{(k_l)}\right) = b_\nu\left(w^{(0)}\right),$$

其中 $a_\mu\left(w^{(0)}\right)$ 与 $b_\nu\left(w^{(0)}\right)$ 为一定数. 由假设 $f(z,w)$ 是亚纯的, 而 $f\left(z,w^{(0)}\right)$ 是 z 的有理函数, 故必有一点 $z^{(0)}$ 使得 $f(z,w)$ 在 $\left(z^{(0)},w^{(0)}\right)$ 的邻域中每一点是正则的, 而在此邻域有

$$\lim_{l\to\infty} f\left(z,w^{(k_l)}\right) = f\left(z,w^{(0)}\right).$$

以 $w=w^{(k_l)}$ 代入 (4.5.2), 而命 $l\to\infty$ 得

$$\left[\sum_{\mu=0}^{N} a_\mu\left(w^{(0)}\right)p_\mu(z)\right]f\left(z,w^{(0)}\right)+\sum_{\nu=0}^{N} b_\nu\left(w^{(0)}\right)p_\nu(z)\equiv 0.$$

此乃表示 $w^{(0)}\in D_{N,M}$, 故 $D_{N,M}$ 是 D 的闭集.

另一方面, 显然有

$$\sum_{N,M=0}^{\infty} D_{N,M}=D_1,$$

而 D_1 是一开集, 因此必定有一个 $D_{N,M}$ 包含 D_1 中某一非空开集. 否则 $\sum\limits_{N,M=0}^{\infty} D_{N,M}$ 是第一类集合 (即可数多个无处稠密的点集之和), 这是不能等于 D_1 的①.

设 $D_{N,M}$ 包含 D_1 的一非空子域 V_1, 在此域中, 我们命

$$F_\mu(z,w)=p_\mu(z)f(z,w),\quad \mu=0,1,\cdots,N,$$
$$F_{N+\nu+1}(z,w)=q_\nu(z),\quad \nu=0,1,\cdots,M,$$

则 (4.5.2) 能书为

$$\sum_{\mu=0}^{N} a_\mu(w)F_\mu(z,w)+\sum_{\nu=0}^{M} b_\nu(w)F_{N+\nu+1}(z,w)\equiv 0,$$

其中 $z\in D, w\in V_1$, 而 N 与 M 是固定的. 根据定理 4.5.3 知, 上面恒等式中 $a_\mu(w), b_\mu(w)$ 能以 $w_1,\cdots,w_m$ 的多项式代替, 故定理在 $D\times V_1$ 成立. 由于 $f(z,w)$ 在 $D\times D_1$ 是亚纯的, 因之定理在 $D\times D_1$ 亦成立. 于是证明了定理 4.5.2.

多复变数的亚纯函数理论中带有根本重要性的问题是求一亚纯函数具有已与的极点者, 此即 Cousin 问题. 这问题严格的说是这样:

我们称在域 D 中给与第一种 Cousin 分布, 即在 D 的每一点 a, 给与元素 $p_a, q_a\in\mathcal{O}_a^n$ 及一邻域 $P(a,r_a)$ $(\subset D)$, p_a, q_a 在其中解析并且 $q_a\not\equiv 0, (p_a,q_a)=1$. 此外, 如果 $P(a,r_a)\frown P(b,r_b)$ 是非空的, 则 $\dfrac{p_a}{q_a}-\dfrac{p_b}{q_b}$ 在此交集中是正则的. **第一 Cousin 问题** (或称 **Cousin 加法问题**) 即问是否存在一在 D 中亚纯的函数 $f(z)$, 使得对每一点 $a\in D, f(z)-\dfrac{p_a}{q_a}$ 在邻域 $P(a,r_a)$ 中是正则的.

当 $n=1$ 时, 这个问题相当于在 $a\in D$ 给以亚纯函数的主要部分

$$\frac{C_1}{z-a}+\frac{C_2}{(z-a)^2}+\cdots+\frac{C_k}{(z-a)^k},$$

①参阅 Alexandroff-Hopf [1], 第 I 卷, 第一部分, 第 2 章 §4 定理 V, 108 页.

而求作一在 D 亚纯的函数具有已与的主要部分. 这问题有解, 这就是 Mittag-Leffler 定理.

我们称在域 D 中给与第二种 Cousin 分布, 即在 D 中每一点, 给与不恒等于零的 $p_a, q_a \in \mathcal{O}_a^n$ 及一邻域 $P(a, r_a)$, 其正中每一点 p_a, q_a 皆是正则的并且互素. 此外, 如果 $P(a, r_a) \cap P(b, r_b)$ 是非空的, 则在其中每一点有 $\dfrac{p_a}{q_a} \sim \dfrac{p_b}{q_b}$. 第二 Cousin 问题, 即问是否存在一在 D 亚纯的函数 $f(z)$, 使得对每一点 $a \in D$ 有 $f_a \sim \dfrac{p_a}{q_a}$.

特别是上问题中所有 $q_a \sim 1$, 此即第 4.2 节所提的问题. 故若在域 D 中第二 Cousin 问题有解, 则后者亦有解; 反之, 如后一特殊的第二 Cousin 问题在域 D 有解, 则一般的第二 Cousin 问题亦有解. 这可证之如下:

我们在第二 Cousin 问题中取出所有 $\{p_a\}_{a\in D}, \{q_a\}_{a\in D}$. 由于对 $P(a, r_a) \cap P(b, r_b)$ 中任一点 c 有 $\dfrac{p_a}{q_a} \sim \dfrac{p_b}{q_b}$, 亦即 $p_a q_b = p_b q_a u$, 其中 u 是单位, 易知 $p_a \sim p_b, q_a \sim q_b$. 根据假设, 存在一于 D 内解析的函数 $g(z)$, 使得对每一点 $a \in D$ 有 $g \sim p_a$, 又有一于 D 内解析的函数 $h(z)$, 使得 $h \sim q_a$. 命 $f(z) = \dfrac{g(z)}{h(z)}$, 这便是所求的解. 由此可知, 若第二 Cousin 问题有解, 则任一在 D 内亚纯的函数能表为两个在 D 内解析的函数之商, 并且对每一点 $a \in D$, 此两解析函数作为 $\mathcal{O}_a^n$ 的元素时是互素的.

可是第 4.2 节的反例说明第二 Cousin 问题未必有解, 甚至当 D 是一正则域时亦未必有解, 因为第 4.2 节例中的域

$$D = \left\{\frac{3}{4} < |z| < \frac{5}{4}, \frac{3}{4} < |w| < \frac{5}{4}\right\}$$

是一正则域①.

后来 H. Cartan 与 K. Oka 等把 Cousin 问题以代数上的模与理想的更一般形式来叙述. K. Oka [1] 证明: 对单叶的正则域第一 Cousin 问题可解, 而 H. Cartan [5] 用绯苏[1](faisceaux) 的工具, 证明对更一般的 Stein 流形第一 Cousin 问题可解. (J.-P. Serre) [1] 得出第二 Cousin 问题在 Stein 流形上有解的充要条件. 由于他们在解决这些问题的过程中有效地使用绯苏这一工具, 使得绯苏理论大大发展起来, 广泛地应用到拓扑学、微分几何、代数几何等部门中. 但要详细地叙述他们的结果, 需要其他数学分支的知识颇多, 这里只好从略.

---

① 即有一函数 $f(z, w)$ 在 D 内解析, 但不能解析展拓至域 D 之外. 实际上, 习知平面上的单位圆 $|z| < 1$ 内有解析的函数 $g(z) = \sum_{m=0}^{\infty} z^{m!}$ 以圆周 $|z| = 1$ 为自然边界. 由此易知 $f(z, w) = g\left(\dfrac{4z}{5}\right) g\left(\dfrac{3}{4z}\right) g\left(\dfrac{4w}{5}\right) g\left(\dfrac{3}{4w}\right)$ 在 D 内解析, 但不能解析展拓至域 D 之外.

[1] 现译为 “层 (sheaf)”. —— 校者注

参 考 文 献①

华罗庚:

[1] On the theory of automorphic functions of a matrix variables Ⅰ —— Geometrical basis, Amer. J. Math. **66** (1944), 470—488.

[2] On the theory of automorphic functions of a martrix variables, Ⅱ —— The classification of hypercircles under the symplectic group, Amer. J. Math., **66** (1944), 531—563.

[3] On the theory of Fuchsian functions of several variables, Ann. of Math., **47** (1946), 167—191.

[4] 多复变数非欧空间中黎曼曲率的估计问题, 数学学报, **4** (1954), 143—170.

[5] 多复变数函数论中的典型域的调和分析, 1959, 科学出版社, 北京.

华罗庚与陆启铿:

[1] 关于奇数行列斜对称双曲空间的 Cauchy 公式, 科学记录, **1** (1958), 19—21.

[2] Theory of harmonic functions in classical domains, Scientia Sinica, **8** (1959), 1031—1094.

陆启铿:

[1] 多复变数函数与酉几何, 数学进展, **2** (1956), 567—662.

[2] 多复变数函数的 Schwarz 引理，数学学报, **7** (1957), 370—420.

[3] 一个解析不变量及其示性作用, 数学学报, **8** (1958), 243—252.

陆启铿与许以超:

[1] 关于可递域的一个注记, 数学学报，**11** (1961), 11—23.

陈省身:

[1] Complex manifolds, 1956, Chicago.

一松信:

[1] 多变数函数论, 1956, 共立出版株式会社.

Болтянский, В. П.:

[1] 连续映射的矢量场的同伦理论 (江泽涵, 裘光明, 程庆民译), 科学出版社.

Голузин, Г. М.:

[1] 复变函数的几何理论 (陈建功译), 科学出版社.

Пятецкий–Шапиро, И. И.:

[1] Об одной проблеме Э. Картана, ДАН, **124** (1959), 272—273.

①这里仅包含本书会涉及其内容的文献, 远非有关多复变数函数论方面的完备文献.

Фукс, Б. А.:

[1] Über geodätische Mannigfaltigkeiten einer bei pseudokonformen Abbildungen invarianten Riemannschen Geometrie, Матем. Сборн., **2** (1937), 567—594.

[2] О группе движений геометрии, инвариантной при псевдо-конформных отображениях, ДАН, **18** (1938), 3—4.

[3] Теория аналитических функций многих комплексных переменных, 1948, ОГИЗ.

[4] Естественные граничные аналитических функций комплексных переменных Успехи матем. наук., **4** (1950), 35—120.

Alexandroff, P. and Hopf, H.:

[1] Topologie, 1935, Berlin.

Behnke, H. und Sommer, F.:

[1] Theorie der analytischen Funktionen einer komplexen Veränderlichen, 1955, Berlin.

Behnke, H. und Thullen, T.:

[1] Theorie der Funktionen mehrerer komplexer Veränderlichen, 1934, Berlin.

Bergmann, S.:

[1] Über eine Integraldarstellung von Funktionen zweier komplexer Verä nderlichen, Матем. Сборч., **1** (1936), 851—862.

[2] 多个复变数正交函数及其在解析函数论中的应用 (陆启铿，谢晖春译), 科学出版社.

[3] Kernel function and extended classes in the theory of functions of complex variables, Colloque sur les fonct. de plus. var. complexes, Tenu à Bruxelles, 1953, 135—157.

Bochner, S. and Martin, W. T.:

[1] Several complex variables, 1948, Princeton.

Carathéodory, C.:

[1] Vorlesungen über reelle Funktionen, 1927, 第二版.

[2] Über das Schwarzsche Lemma bei analytischen Funktionen von zwei komplexen Veränderlichen, Math. Ann., **97** (1927), 76—98.

[3] Über die Abbildungen, die durch Systeme von analytischen Funktionen von mehreren Veränderlichen erzeugt werden, Math. Zeit., **34** (1932), 758—792.

[4] Funktionentheorie I-II, 1950.

Cartan, É.:

[1] Sur les domaines bornés homogenès de l'espace de n variables complexes, Hamburg. Univ. Math. sem. Abhandl, **11** (1935), 116—162.

Cartan, H.:

[1] Les fonctions de deux variables complexes et le problème de la représentation analytique, Jour. de Math. pure et appl., **10** (1931), 1—114.

[2] Sur les groupes de transformations analytiques, Actualités Sci. Ind., Exposes Math. **IX** (1935), Paris.

[3] Idéaux et modules de fonctions analytiques de variables complexes, Bull. Soc. Math. France, **78** (1950), 29—64.

[4] Séminaire sur les fonctions de plusieurs variables, E.N.S., 1951—1952.

[5] Variétés analytiques complexes et cohomologie, Colloque sur les fonct. de plus. var. complexes, Tenu à Bruxelles, 1953, 41—55.

Cartan, H. und Thullen, P.:

[1] Zur Theorie der Singularitäten der Funktionen mehrerer komplexen Veränderlichen. Regularitäts–und Konvergenzbereiche, Math. Ann., **106** (1932), 617—647.

Cousin, P.:

[1] Sur les fonctions de n variables complexes, Acta Math., **19** (1895), 1—61.

Hartogs, F.:

[1] Zur Theorie der analytischen Funktionen mehrerer unabhängiger Veränderlichen, insbesondere über die Darstellung derselben durch Reihen, welche nach Potenzen einer Veränderlichen fortschreiten, Math. Ann., **62** (1906), 1—88.

[2] Einige Folgerungen aus der Cauchyschen Integralformel bei Funktionen mehrerer Veränderlichen, Akad. d. wissens., Munich. Math.-phys. Kl. Sitz. her., **36** (1906), 223—241.

Levi, E. E.:

[1] Sulle ipersuperficie dello spazio a 4 dimensioniche possono essere frontiera del campo di esistenza di una funzione analitica di due variabili complesse, Annali di Matem., **18** (1911), 69—79.

Martinelli, E.:

[1] Sur l'extension des théorèmes de Cauchy aux fonctions de plusieurs variables complexes, Colloque sur les fonct. de plus. var. compl., Tenu à Bruxelles, 1953, 109—124.

Oka, K.:

[1] Sur les fonctions analytiques de plusieurs variables II, Domaines d'holomorphie, J. Sci. Hiroshima, Ser. A. **7** (1937), 115—130.

[2] Sur les fonctions analytiques de plusieurs variables IX, Domaines finis sans point critique intérieur, Jan. J. Math., **23** (1953), 97—155.

Osgood, W. F.:

[1] Lehrbuch der Funktionentheorie, Bd. II, Teil I, 1929, Leipzig.

Rückert, W.:

[1] Zum Eliminationsproblem der Potenzreihenideale, Math. Ann., **107** (1933), 259—281.

Serre, J.-P.:

[1] Quelques problèmes globaux relatifs aux variétés de Stein, Colloque sur les fonct. de plus. var. compl., Tenu à Bruxelles, 1953, 57—68.

Siegel, C. L.:

[1] 多复变数解析函数 (龚升译), 科学出版社.

Weierstrass, K.:

[1] Über die Bedingungen der Zerlegbarkeit einer ganzen rationalen Function von mehr als zwei Veränderlichen, Werke, Band **3**, 149—154.

Weil, A.:

[1] L'intégrale Cauchy et les fonctions de plusieurs variables, Math. Ann., **111** (1935), 178—182.

名 词 索 引

人名索引